理财是一种长期的行为，是"积小流、成江河"的事情。
不论钱多钱少，通过科学理财都可以实现财务自由。

Fortune
Happiness

这不仅仅是一本教你理财的书，
也是一本教你规划人生从而打开幸福之门的宝典。

理财，不仅仅是一门关于"钱"的学问，
也是关于"人生"的学问。

向幸福进发

玩转**家庭理财**的
投资转盘技法

陈玉罡　著

东北财经大学出版社
Dongbei University of Finance & Economics Press

大连

图书在版编目(CIP)数据

向幸福进发：玩转家庭理财的投资转盘技法 / 陈玉罡著.
—大连：东北财经大学出版社，2015.6
ISBN 978-7-5654-1919-5

Ⅰ．向… Ⅱ．陈… Ⅲ．私人投资-基本知识 Ⅳ．F830.59

中国版本图书馆CIP数据核字(2015)第080648号

东北财经大学出版社出版
（大连市黑石礁尖山街217号 邮政编码 116025)

教学支持：（0411）84710309
营 销 部：（0411）84710711
总 编 室：（0411）84710523
网　　 址：http：//www.dufep.cn
读者信箱：dufep@dufe.edu.cn

大连图腾彩色印刷有限公司印刷 东北财经大学出版社发行

幅面尺寸：170mm×240mm 字数：177千字 印张：13 1/4 插页：2
2015年6月第1版 2015年6月第1次印刷

责任编辑：石真珍 周 晗 张士宏 责任校对：刘咏宁
封面设计：冀贵收 版式设计：钟福建

定价：48.00元

序

　　我认为每一个人在世界上都追求着这两样东西：爱和欲。爱是给予，而欲是索求。幸福也与这两样东西相关。当你施与爱时，你得到的幸福感最强；当你索求欲望而得不到时，你的幸福感最低，还有可能因此痛不欲生。

　　这与理财有关系吗？

　　答案是"有"。理财非常强调"施"与"得"的关系。比如，为什么要在家庭生命周期的早期多进行投资？这是因为早期的"施"将获得后期的"得"，早期"施"的越多，后期"得"的越多。又比如，为什么要早日为孩子的教育进行理财？为什么要早日进行养老规划？其基本的"道"是一样的：早日的"施"，能获得后期的"得"。

　　这与幸福有关系吗？

　　答案仍然是"有"。春晚小品《不差钱》中有一句台词："人这一生最最痛苦的事情你知道是什么吗？就是人活着呢，钱没了！"为什么会出现这种窘境？一种情况是早期没有规划，临老才发现没钱养老，这就是早期忘了"施"，晚年无法"得"；另一种情况是临近退休或已退休时孤注一掷，将养老钱投入股市，希望博取高额收益享受退休生活，结果遭遇巨额亏损，这是希望立"施"即"得"，结果仍然是得不到，得不到当然不幸福。

如何得到幸福呢？一是要明白有"施"才有"得"，一味地追求"得"而没有"施"，是不会有幸福感的。二是要明白前"施"后"得"，只有"施"在前，才能"得"在后。三是要放弃立"施"即"得"的想法。前"施"后"得"中的"前后"通常指较长的时间间隔。许多投资者失败的原因就在于希望立"施"即"得"。

如何在追逐财富的同时获得幸福感？本书将为您的家庭打开两扇窗户：当您学会了如何"施"财，财富天使将会莅临；当您学会了如何"施"爱，幸福天使将会莅临。放弃立"施"即"得"的想法，您就能进入财富与幸福的圣殿。

本书是我在加拿大温哥华做访问学者的一年中写成的，集结了十多年来研究理财以及亲身实践的心得。感谢国家留学基金委和中山大学管理学院为我提供的海外访学机会，能让我有一年的时间潜心钻研，同时扩展了海外视野。也感谢我的家人给了我一个宁静的环境安心写作，并一直支持着我的事业。感谢东北财经大学出版社的领导和编辑，没有他们的鼓励和推动，我也难以在纷繁复杂的事务中静心写下这本书。感谢我的学生田岚帮我搜集了很多资料，使本书的写作素材更为丰富。

为了尽可能完美地呈现本书，我已经倾力而为，但受自身能力所限，难免有不足之处，恳请读者批评指正。

陈玉罡

2014 年于温哥华

目录

0 你幸福吗？ /1

　　本书非常强调思维方式的转变，因为只需要一个转变，你的财富将有机会出现成倍的增长，而你的幸福也会成倍地扩大。这不仅仅是一本教你理财的书，也是一本教你规划人生从而打开幸福之门的"圣经"。

1 幸福从理财开始/7

　　如果你想早日实现财务自由，你应该学会如何承担风险，如何利用时间效应来将风险变成财富。而本书将会告诉你如何进行合理的规划来降低承担风险所带来的痛苦，实现当前和未来幸福的生活。

2 **从小开始培养理财观/19**

理财，不仅仅是一门关于"钱"的学问，也是关于"人生"的学问。早日让孩子掌握金钱的真谛，成为金钱的主人，才能早日开启幸福人生。

3 **初涉职场，摆脱月光/37**

理财是一种长期的行为，是"积小流、成江河"的事情。职场新人，不论你有钱还是没钱，你都应该开始理财。没有钱的时候，要通过"理财"积累小钱；有钱的时候，要通过"理财"来"赚"钱。

4 **成家立业，为责任而理财/59**

家庭内的矛盾有一半是因为感情出了问题，而另一半则是因为财务出了问题，而感情问题导致的家庭矛盾最终也将演变成财务问题，正所谓"成家容易管家难"。如果你正处于成家立业时期，想使幸福的家庭长久幸福，就来看看这一章。

5 **子女教育，从零岁开始/99**

这一章要告诉您的不是如何教育子女的问题，而是如何为子女教育提前规划，使孩子的未来尽可能地接受更好的教育，从而为孩子搭建一个更高的起点。对孩子教育的规划，是父母送给孩子最好的礼物。

6 **退休养老，宜早不宜迟/159**

要追求退休后的品质生活和幸福人生，就需要合理地规划退休前的财务资源，将退休当成人生的另外一个上坡路来经营。如果善于经营，您就可以在退休后造就另外一个人生，让您的生命焕发出另外一种光彩！

7 **圆满人生，幸福终老/183**

亲情比财富重要！好的财富管理能维护亲情、助力幸福生活！

参考文献/193

附录1 完全复制型基金比较/195

附录2 增强型指数基金比较/203

　　本书非常强调思维方式的转变，因为只需要一个转变，你的财富将有机会出现成倍的增长，而你的幸福也会成倍地扩大。这不仅仅是一本教你理财的书，也是一本教你规划人生从而打开幸福之门的"圣经"。

你幸福吗？

如果你在问自己这个问题，我可以肯定地说：你没有幸福感。

一个幸福的人是不会问自己是否幸福的，就像一个快乐的人是不会问自己是否快乐一样。

只有当你觉得不幸福的时候，你才会问自己：我幸福吗？

你是不是经常有这种感觉：为什么别人觉得我幸福，但我自己却一点也感觉不到呢？

你是不是经常也听人说幸福其实很简单，但你却觉得幸福好像与你无缘？

为什么你会这样？

答案只有一个：你的欲望超过了你达成后的快感。

如果我们把达成后的快感称作经济学中的效用的话，用著名经济学家保罗·萨缪尔森的幸福方程式来表达就是：

幸福=效用/欲望

如果你的欲望和欲望达成后的快感是相等的，那么你的幸福等于1。我们可以将这个称为标准的幸福。

如果你达成了你的欲望，但达成之后你的快感却没有欲望强烈，那么你的幸福就小于1，这种快感越低，你的幸福感就越低。想想看，你有多少次这样的体验？你是否在得到你想要的东西之后却觉得不过如此？你是否辛辛苦苦地为了某个目标而奋斗，达成目标后却发现自己根本没有喜悦感？

如果你达成了你的欲望，而达成之后你的快感比欲望更强烈，那么你的幸福就大于1，这种快感越强烈，你的幸福感就越高。想想看，你有没有过这样的体验？你是否有过意外的收获？当这个好消息来临时，你都不敢相信那是真的？

你现在是不是有顿悟的感觉？原来幸福就是欲望与效用的对比啊。那幸福真的很简单：只要降低欲望，提高快感就行了嘛。

真的吗？你觉得你可以降低你的欲望吗？你觉得你可以控制你的快

感吗？

噢，你还没有修炼到这个境界吧。

那怎么办？我们得换个思维方式。请记住，本书非常强调思维方式的转变，因为只需要一个转变，你的财富将有机会出现成倍的增长，而你的幸福也会成倍地扩大。

你现在闭上眼睛，极力地回想让你觉得不幸福的原因是什么？然后再往下看。

你遇到过以下情景中的几项呢？

（1）想买好吃的东西，兜里有点钱，我却舍不得买来吃。

（2）很想去旅游，但我却觉得花销太大。

（3）在商场看到一件漂亮衣服，很想买，但我盘算一下，还是放弃了。

（4）想请朋友吃饭，我却手头拮据，不好意思请客。

（5）想买一件惦记了很久的东西，但我却一直没攒够钱，心愿一直未了。

（6）每月我都在为房租、水电费的事情烦心。

（7）买房子了，但我每月的房贷怎么扣那么多呢。

（8）买车了，我的油费、保险费怎么那么多呀。

（9）有孩子了，孩子一出生，花费一下子增加不少，我好吃力啊。

（10）孩子要上学了，好想让他/她上好点的学校，可是学费太贵了，我只好委屈孩子了。

（11）孩子的成绩不好，我想请个辅导老师，可是辅导费好贵啊。

（12）孩子很争气，考上了好学校，我们省吃俭用都要供他/她上学。

（13）孩子要结婚了，我们省吃俭用买套房给他们结婚用吧。

（14）儿啊，爸爸妈妈老了，你将来会不会给我们养老呀。

（15）终于退休了，好想携老伴一起周游世界啊，可是我们的养老金怎么够用呢。还是省着点吧。

（16）听说别人投资股票赚了好大一笔，我也开始投资啦。可是，我的钱怎么越投越少呢？

（17）股市跌了这么多了，我吃饭也吃不下，睡觉也睡不着了。怎么我的运气这么差？

（18）我的全副身家都投在股市里了，我辛辛苦苦一辈子赚的钱一下子都赔了。怎么办呢？

（19）我的养老钱都投在了基金上，现在亏了50%了，我未来的生活怎么办啊？

（20）我怎么这么倒霉啊，公司裁员怎么会轮到我呢？没有了收入，我家的房贷怎么办啊？

（21）老公，你年纪轻轻就这么走了，剩下我一个人怎么办啊？我怎么养活我们的孩子啊？

（22）老公，你住院住了这么久，我们的积蓄都用完了，还借了好多外债，我可怎么过啊？

（23）亲人得了重病，需要换器官，可是我们哪有那么多钱啊？

（24）老婆，我对不起你，我的企业破产了，我们所有的房子都要拿去还债，我们彻底完了。

（25）虽然我现在很富有，可是我的孩子不争气，我真担心我过世后孩子怎么办。

如果你看完这25个问题，你会觉得人生好多烦心事。当然，烦心事永远不止这25个。我记得在我读书的时候，有个同学经常会这样自我安慰：人生不如意事十之八九。就是说不如意的事情多着呢，今天遇到的这个事算什么，而当时他可能只是觉得要期末考试了才烦心。

学会心理安慰是一件不错的事情，这样可以调节心境，以积极的心态面对生活。但如果有一种方法能减少这些烦心事出现的概率，是不是比烦心事出现时用心理安慰来解决更好呢？所谓"预则立，不预则废"，如果事先进行了一些规划，就可能避免烦心事的出现。就好像阴天出门带雨伞，以避免下雨的时候被淋成一个落汤鸡，这就叫"未雨绸缪"。

试想想，当你失业的时候仍然能维持家庭的基本生活和房贷的开支，你就不会为突然失业而手足无措；当你生病住院的时候，你的医疗费用有机构帮你支付，使得在病床上的你能安心养病；当你的孩子读大学时，有足够的学费来支撑他/她的梦想，为他/她的腾飞打下坚实的基础；当你退休时，你可以携老伴一起周游世界，完成年轻时没有实现的梦想，不再困守在一生的劳苦之中；当你离开人世时，自己遗留的财富能为孩子们创造一个亲人和睦、安详幸福的家。这样的人生，你会觉得幸福吗？

也许还是会有人像正在阅读的你一样，说出"我还是不会幸福"这个答案。没错，仍然有不少的人在物质需求得到极大满足之后，却陷入了心灵的空虚之中。当别人还在为物质生活奋斗的时候，你已经在为精神生活而奋斗了。不过，要小心，精神生活空虚的人比没有物质生活的人更可悲。而典型的代表就是依靠吸毒来满足精神快感的人。吸毒能带来幸福吗？我想是不能的。为什么你的精神生活会空虚呢？没有人了解你？甚至你自己都不了解你自己？你没有了人生目标？又或者你还在为物质生活打拼而丧失了追寻精神生活的时间？无论如何，你都希望摆脱这种境况，成为一个受人赞赏的人，对吗？本书虽然讲的是如何规划你的财富来实现物质生活的满足，但作为追求精神生活的你来说，只需要将财富换成时间，用同样的思路来规划你的时间，就可以达成心灵上的满足，获取幸福的源泉。

对于"这样的人生，你会觉得幸福吗？"这个问题的回答，如果你的答案是"是"的话，那么本书将会告诉你如何开启这样的幸福之门。

迫不及待了吗？别着急，先看看你正处于什么样的生命周期。这样，你可以略过不属于你的生命周期中的章节，直接阅读属于你的生命周期中的章节。

如果你刚毕业参加工作，请阅读"初涉职场的理财规划"。

如果你成家立业了，请阅读"成家立业后的理财规划"。

如果你有孩子了，请阅读"从小开始培养理财观"和"子女教育理财规划"。

如果你退休了，请阅读"退休养老的理财规划"。

　　如果你正在担心遗产的继承问题，请阅读"幸福终老的理财规划"。

　　请记住，这不仅仅是一本教你理财的书，也是一本教你规划人生从而打开幸福之门的"圣经"。

1　幸福从理财开始

如果你想早日实现财务自由，你应该学会如何承担风险，如何利用时间效应来将风险变成财富。而本书将会告诉你如何进行合理的规划来降低承担风险所带来的痛苦，实现当前和未来幸福的生活。

不幸福的原因有很多，比如金钱带来的烦恼、权力带来的烦恼、感情纠葛带来的烦恼、生老病死带来的烦恼、家庭带来的烦恼、职场带来的烦恼、人际关系带来的烦恼等。其中的一些烦恼是与自然规律相关的，无可避免，比如生老病死；而另一些烦恼则是多数人在社会中都会经历的。为了逃避这些社会上的烦恼，有的人选择"出家"，看破红尘、脱离俗事。这些烦恼中最容易解决的烦恼就是金钱带来的烦恼，但很多人却被这个最容易解决的烦恼捆住了一辈子。

之所以金钱会给人带来无尽的烦恼，是因为人的欲望是无尽的。《解人颐》中有一首诗写出了人无休止的欲望：

终日奔波只为饥，方才一饱便思衣；
衣食两般皆具足，又想娇容美貌妻。
娶得美妻生下子，恨无田地少根基；
买到田园多广阔，出入无船少马骑。
槽头扣了骡和马，叹无官职被人欺；
县丞主簿还嫌小，又要朝中挂紫衣。
做了皇帝求仙术，更想登天跨鹤飞；
若要世人心里足，除是南柯一梦西。

你看，即便做了皇帝，在几乎什么都能拥有的情况下，还是逃脱不了欲望的烦恼。人的欲望是无限的，但人的财富则是有限的。用有限的财富如何能满足无限的欲望呢？何况有些欲望还是根本无法实现的。

理财中第一个要做的事情就是明确自己要达到的目标。合理的目标会使你的欲望保持在一个可达成的范围内，从而提高你的幸福感。比如，如果你的目标只是养家糊口，那么这个目标的达成对于大多数人来说都很容易，因此你的幸福感会很强。这也是很多普通家庭的幸福感要比成天忙碌、为赚钱聚少离多的家庭要强的原因。一些拿着高薪、工作繁忙的家庭虽然收入丰厚，但却因为对物质的追求欲望太强而降低了幸福感。

比较是欲望的源泉之一。看着别人住的是豪宅、开的是名车、穿的是名牌、吃的是奢宴，自己往往也想要。这种比较对社会进步其实是有益的。如果大家都不想要这些，那么就不会有人生产，不会有人销售，社会也就不会往前发展了。可是，并不意味着每一个人都要去追求这些。因为每一个人的天赋和资源都不一样，在一个平衡的世界里，得到一件东西也会丧失一些东西。比如，对于拿着高薪的人群来说，从他们的投入来看，也许他们在工作之前投入了大量的时间去学习，牺牲了童年玩乐的时光，而在工作时也可能又丧失了和家人孩子欢聚的时间，有的可能还丧失了身体的健康。在这里，并不是要你放弃理想和追求，而是要你学会平衡，明白"舍与得"之间的关系，将你的目标设置在可达成的合理范围内。如果你的目标是"做皇帝后升仙"，我想你的幸福指数应该是零。

到底什么才是合理的目标呢？每个人因为自身财务资源的不同，其目标的合理范围也不同。一个年收入5万元的家庭，其合理目标不可能是买价值500万元的豪宅。同样一个年收入50万元的家庭，其生活目标也不应仅仅是养家糊口。如果反过来，一个年收入5万元的家庭其生活目标是养家糊口，而一个年收入50万元的家庭其目标是买价值500万元的豪宅，这样就比较合理了，对吗？对，这比前一种情况要合理，但也可能存在不合理性。比如，年收入5万元的家庭如果居住在三线城市，假设一年的基本生活费用只需要2.4万元（每月2 000元），那么这个家庭的生活目标就不应仅仅是养家糊口了。这时，还可以考虑买房、子女教育、退休养老等更多目标了，甚至还可以考虑买辆经济型轿车。而对于年收入50万元的家庭来说，如果住在一线城市，假设一年的生活费用需要20万元，那么这个家庭要买价值500万元的豪宅约需17年的时间，这对于他们似乎并不困难。但如果这个家庭的家庭成员都已经超过45岁，这个目标就不太合理了。一是因为从45岁到60岁退休只有15年的时间，不一定能实现筹集500万元的目标；二是即使能实现，这个家庭可能还面临子女教育的读书费用、退休的养老费用等，难道要牺牲子女教育的读书费用和自己退休的养老费用来满足购买价值500万元豪宅的快感？

从上面的讨论中我们可以看到，目标是否合理需要根据自身的财务资源和所处的生命周期等来判断。实际上，财务资源和生命周期就是一个人人生所达成目标的两个瓶颈。人一生挣钱的时间是有限的。从你出生开始，要独立工作至少要到18岁成年，而男性目前是60岁退休，女性是55岁退休。这意味着男性如果从18岁开始工作挣钱，一生只有42年可以工作，而女性如果从18岁开始工作挣钱，一生也只有37年可以工作。如果读了4年大学本科毕业，工作时间减少4年；如果再读2~3年的硕士，工作时间又减少2~3年；如果接着读3~4年博士，工作时间再次减少3~4年。读完博士出来工作，男性到60岁退休时的工作年限约为32年，女性到55岁退休时的工作年限约为27年。如果按2012年8月发布的《"健康中国2020"战略研究报告》中提到的2020年中国人均预期寿命77岁计算，男性退休后的生活时间是17年，而女性退休后的生活时间是22年。从出生到死亡的77年中，工作时间只占一半；对于女性来说，还不到一半；对于一直读到博士的女性来说，还不到1/3。人一生挣钱的时间只有区区三十几年。我们按职业生涯35年来计算，每年的收入按10万元来计算，35年的职业生涯中可以挣得的收入是350万元。假设每年的收入中可储蓄50%（2012年11月21日《人民日报》海外版引用国际货币基金组织提供的数据，表明2005年中国储蓄率高达51%），储蓄下来的收入相当于在一线城市购买约80平方米的1套住房（房价21 875元/平方米）。也就是说，对于年收入10万元的人来说，职业生涯中能挣到的钱可以用来满足在一线城市购买80平方米住房的需求和职业生涯期的消费。

可是，你要是去问一个年收入10万元、生活在一线城市的人："你觉得幸福吗？"你得到的答案极有可能是："不，我不觉得幸福。"如果你自己就生活在一线城市，你一定会觉得我说的是对的：在一线城市年收入10万元过得并不见得幸福。为什么呢？为什么会这样？

答案还是那个：人的欲望是无限的。年收入10万元的人想买的房子可能不是80平方米的房子；除了房子，可能还想买车子；除了车子，可能还想出国旅游；除了出国旅游，可能还想送自己的孩子出国读书。这样一考虑下来，就总是觉得财力有限。财力与欲望之间的差距就带来了不幸福的感觉。

大家有没有注意到，我上面所讲的都是"挣钱"。中国字很有意思，是象形文字。大家先看看"挣"和"赚"两个字有什么差异？

看明白了吗？

"挣"字的左边部首是提手旁，右边是个争夺的"争"字，表示"挣钱"是要靠双手去争夺的。"赚"字的左边部首是"贝"，右边是个兼职的"兼"字。在古代，人们用来交换物品的中介物是"贝"，和现在的"钱"是类似的。这表示"赚钱"是要靠钱来生钱的。

"挣钱"和"赚钱"哪个更容易呢？从字面意义上来理解，挣钱要靠双手争夺，而赚钱是用钱生钱。我想大家更希望的是"赚钱"，而不是"挣钱"。挣钱辛苦，钱是用时间和劳动来换取的，所以挣钱多的人并不一定幸福。挣钱越多，也意味着牺牲的时间越多、劳动强度越大。你要挣10万元，那么你就需要牺牲比别人更多的闲暇时间来读书学习以获得文凭或提高自己的实践技能。而你挣这10万元的时候，你也会发现你需要牺牲与家人相聚的时间或自己的休息时间（比如加班工作），或者需要牺牲自己的健康（比如熬夜、喝酒等等）。那么，赚钱呢？需要牺牲时间和健康吗？很多做投资的人以为自己是在"赚钱"，但其实是在"挣钱"。因为他们需要付出比别人更多的精力来做分析研究，来跟踪市场。这些分析研究的工作和花费的时间不比做其他工作轻松。那么，到底什么才是赚钱？

如果有一天你发现你不用辛苦工作了，也有钱能足够支付你的生活开支，你就达成了财务自由。这个时候是钱在为你工作，而不是你为钱而工作了。这个时候是不是在赚钱呢？那可不一定。有的人挣到了500万元，以为够花一辈子了，但却发现这笔钱买1套别墅可能就用完了。或者这个人每年从这500万元中拿出20万元来生活，简单计算的话，也就只够花25年。如果考虑通货膨胀的话，这500万元可能还不够花25年。这种人显然并未达成真正的财务自由。

我相信很多人一辈子都挣不到500万元，但这并不妨碍你达成财务自由。因为每个人的生活水平是不同的。如果你玩过《穷爸爸富爸爸》这本书中提到的"现金流游戏"，你就会明白生活水平越高的人反而越难达成财务自由，因为要支付的生活开支太大。什么情况下才是真正达成了财务自由呢？"现金流游戏"第一轮胜出的标准是当你每月的现金流超过了你每月的生活开支时，你就成了胜出者，而这个标准就是财务自由的标准。

怎样才能使你每月的现金流超过你每月的生活开支呢？也许你还不明白现金流的概念。这里我做一个简单的说明。现金流就是你的钱能生出多少钱，包含利息、股息、租金等。比如100万元的资金放在银行，银行利息是3%，那么这100万元1年产生的现金流就是3万元。这3万元就是用100万元生出来的钱，是"赚"来的，而不是"挣"来的。你还可以将这100万投资在股票上获得股息，或者将这100万元投资在房产上获得租金收入。100万元所带来的利息、股息、租金收入都属于现金流。要注意的是，如果你把100万元投资在股票上，100万元的投资升值到了120万元，这种升值带来的20万元不属于我们这里提到的现金流，而是属于价差，用专业术语表达叫做"资本利得"。因此，有很多人投资股票是希望从价差中获利来实现财务自由，但这种认识实际上不太正确。

当你每个月的生活开支为2 500元的时候，如果银行利率是3%，你有100万元的资金就可以达成财务自由了。100万元的资金每年可以带来3万元的利息现金流，这笔现金流刚好可以支付你1年的生活开支2 500元×12个月=30 000（元）。但是当你每个月的生活开支为12 500元的时候，要达成财务自由，你就需要500万元的资金。所以，在达成财务自由之前，生活开支较高的人需要花费更多的精力和时间来挣到这500万元。而挣到之后，就要靠这500万元所带来的现金流"赚"钱才能实现真正的财务自由。如果银行利率、投资股票的股息或出租房子的租金高于3%，那么500万元资金所带来的现金流就会比你实际的生活开支更高，这样你的财务自由度就会变得更大。

现在你应该知道了"每月生活开支越低，达成财务自由的难度越小"

的道理了吧。所以，如果正在阅读的你经济条件并不是太好的话，也不要灰心，因为你的生活支出并没有那么高，达成财务自由的难度比其他生活支出高的人要容易得多哦。从现在起，开始为你的财务自由和幸福生活做点什么吧。该做些什么呢？

如果你是月光族，先要学会储蓄。对于月光族的你来说，让你等到月末再储蓄可能是一件很困难的事情，因为你是有钱就花掉的那种人。怎么办呢？去银行用你的工资卡开个基金定投账户吧。很简单，到银行柜台，请银行服务人员帮你开通一个基金定投账户就可以了。如果你会用网银，在银行的网站上也可以根据网站的提示开通基金定投账户。

Tips

什么是基金定投

基金定投是指投资者在每月固定的时间(如每月10日)以固定的金额(如100元)投资到指定的开放式基金中，类似于银行的零存整取方式。

由于基金"定额定投"起点低、方式简单，所以它也被称为"小额投资计划"或"懒人理财"。

对于还完全不懂任何投资的你来说，就先从定投货币市场基金开始吧。你也许会问我，要选择哪一只货币基金进行定投呢？这里我先教你如何形成理财习惯，由于货币市场基金的收益率差别不大，所以你就任意选一只吧。我想你一定在担心是否会有亏损的风险呢？那我给你吃一颗定心丸吧：货币市场基金没有亏损的风险。

什么是货币市场基金

货币市场基金是基金管理人将从投资者处募集的资金专门投向无风险的货币市场工具(如国库券、商业票据、银行定期存单、政府短期债券、企业债券等短期有价证券)的一种开放式基金。

简单来说,货币市场基金就是基金管理人将你的钱投资在比银行利率稍高的金融产品上,这些金融产品就是上面提到的货币市场工具。这样,你就可能获得比银行现行利率稍高的收益率。

选好投资哪支货币基金之后,你接下来要做的就是确定投资日期了。看看你的工资什么时候能发到你的工资卡上?每个月的1日、3日、5日或者是10日?以发工资的第三天作为你的投资日。比如,如果你的工资是每月的1日发到你的工资卡上,那么你就可以设置每个月的4日为投资日。为什么要这样做呢?由于是银行自动从你的工资卡里扣投资额,当工资卡中没有钱时,连续扣款3日不成功,你的投资就会自动中断,所以将扣款日稍微延迟3天能较大限度地避免工资迟发所导致的投资中断问题。不过即使投资中断了也没有关系,你之后再重新做一个定投就可以了。中断日之前的投资额仍然会保留在你的账户中,未来也会有投资收益。

接下来要考虑的就是你的投资金额了。对于月光族的你来说,应该树立"先投资、后消费"的新观念。观念改变财富。为了避免月底发现钱都花光了、无钱可投的局面,在你的工资一发下来后就扣除一定金额的资金进行货币基金的投资,有利于形成"先投资、后消费"的理财习惯。扣除多少资金用来投资呢?你可以从扣除每月工资额的

10%开始，这样最多使你的生活水平下降10%，不至于大幅度影响你的日常生活。比如，如果你的月收入是2 000元，那么就每月先拿出200元作为投资吧。

对于不是月光族的你来说，也可以按照上述方法操作一次，这样你就知道如何形成理财习惯了。等你看完了本书之后，你还可以做出更多的投资选择，比如选择股票基金或选择股票进行定投。

我们再回到之前所提出的"财务自由"这个话题上吧。对于每月收入2 000元的你来说，怎么样才能实现财务自由呢？我们可以先做一个简单测算。现在你将200元拿出来进行投资了，那么你的可消费金额是1 800元。如果这1 800元全部作为生活支出，当投资收益率是6%的情况下，你的投资总额达到360 000元时即可实现财务自由，即360 000元每年的利息是21 600元，分摊到每月是1 800元，刚好满足你每月的生活支出。如何才能使投资账户中的金额达到360 000元呢？如果你能每月投资360元，按6%的投资收益率计算，30年后你的投资账户中就会有360 000元。这意味着，如果你现在每月再减少消费160元并用于投资，30年后退休时你就可以每月拿到1 800元的理财收入了。

当然，现实情况比我们刚才讨论的这个例子要复杂得多。在现实生活中，你的收入还会随着你工作经验的积累、职位的升迁而提高，同时你的生活水平也会不断地提高，这意味着你的生活支出也在不断地提高。除此之外，通货膨胀也会使得物价上升，从而导致你的生活支出提高。不过无论如何，如果你不进行任何的规划，要达成财务自由的境地只是空想。因为没有理财收入，你就只能靠工作收入来维持你的生活。

中山大学心理学系周欣悦教授2009年在国际著名心理学刊物《心理科学》第6期发表的论文《金钱的符号作用：启动金钱概念改变社会痛苦和生理性疼痛》中对548名学生进行了实验，证明了金钱具有镇痛功能，失去金钱的疼痛与肢体受伤的疼痛是类似的。如果我们将赵本山的台词反过来理解，人这一生中最最幸福的事情是什么？就是人活着，有钱花。这包括不需要工作也能有钱用。这就是财务自由。

　　而达成了财务自由的人才能真正享受人生的自由。因为这时你既拥有了财富，又拥有了时间。还记得学生时代的你吗？那个时候没有自己的财富，但有自己的时间。除了读书任务以外，你可以过着比较自由的生活，因为你有时间。可是到了工作之后呢？你突然发现你有了自己的财富，但却失去了自己的时间，自由似乎离你越来越远了。你的幸福感没有因为你自己财富的增加而增加。但是，当你实现财务自由的时候，你就不需要再像"穷忙族"一样用你的时间来换取财富了。即使不再工作，你前期积累的财富也将通过时间给你创造更多的财富，同时拥有财富和时间才是最大的自由。你可以自由地追求你的梦想，不再受财富和时间的约束。这是不是你梦寐以求的生活呢？

　　通过上述的投资就能实现幸福生活了吗？不，没那么简单。为了未来的幸福，你还需要明白一个道理：人对失去所带来的痛苦感要强于人对得到所获得的幸福感。比如，你得到10万元时的幸福感和你失去10万元的痛苦感来比，后者更强。这是行为金融学中的一个经典理论，被称作"期望理论"，是由卡尼曼（Kahneman）和特维尔斯基（Tvrsky）教授1979年提出的。卡尼曼也因为在行为金融学的卓越贡献而获得了诺贝尔经济学奖。试着回忆一下，你是否有过这样的经历：当你付出了很大的努力之后获得了一些成功，在你得到这些成功之前你非常地渴望，但当你得到的那一刻，你却觉得这种成功给你带来的喜悦并没有想象中那么大。反过来，如果你渴望得到成功，但最终没有得到，你的痛苦感会比获得成功所带来的幸福感要强很多。如果你真的明白了这个道理，那么你就会知道为什么你总觉得不幸福？因为你害怕失去，而且在失去的时候你的痛苦感比别人要更强。

　　正如我之前所提到的，任何事物都是有两面性的，或者说这个世界符合守恒定律，在你得到一样东西的时候，你一定失去了另一样东西。比如你要获得高薪，就要牺牲闲暇时间。同样，你要获得财务自由，就要牺牲当前的消费。也许你牺牲当前的消费所带来的痛苦感比未来获得财务自由的幸福感要强，所以你不愿意牺牲当前的消费。但是，如果每个月你牺牲的只是一小笔消费，而在未来却可以得到一大笔的财富，你更愿意选择哪个呢？

除此之外，还有一种情况，就是不但要牺牲你当前的消费，而且要承担亏损的风险，但是未来却可能更快地实现财务自由。你是否愿意将你的消费行为转变成这样的投资行为呢？大多数人因为害怕失去所带来的痛苦感而放弃了这样的投资，所以大多数人都没有实现财务自由。

举个例子，一只股票3个月前的价格是10元/股，现在的价格是8元/股。如果你在3个月前买入，那么现在你亏损了20%。你是否愿意继续持有这只股票呢？有的人会愿意，有的人不愿意。愿意的人认为这只股票未来会涨回来，而不愿意的人则认为这只股票还会下跌。股票未来的走势难以判断，即便是专业人士，也无法百分之百判断准确，否则赚钱就太容易了。请你先将股票未来走势的判断放在一边，来分析你自己是如何看待亏损的。现在你已经亏损了20%，你感觉痛苦吗？你能承受这样的痛苦吗？你是否已经吃不下饭、睡不好觉了呢？你愿意用这样的痛苦来换取未来的幸福吗？你是否觉得早知道会亏成这样，当初真的不应该进行这项投资呢？如果你真的感觉到了痛苦，那说明你很正常，因为亏损对每个人来说都不会是愉快的。而且正如我上面所提到的，亏损给你带来的痛苦感要超过盈利给你带来的喜悦感。

你有见过身边一直赢钱的人吗？也许有。那么我告诉你，赶紧请他来帮你进行投资，并且许诺赚到的钱分给他20%。但大部分在看本书的人是没有见过一直赢钱的人的，包括我在内都没有见过。既然没有见过一直能赢钱的人，那就意味着投资要经历亏损。这就像大多数人都经历过的一样。但是有一部分人经历亏损之后因为太痛苦而选择了放弃，另一部分人经历亏损之后承受了痛苦终于获得了成功。这和人生是不是很像呢？如果你一开始就想着未来一直都在赚钱而不会亏损，那么你赚的钱也只会是小钱。这很容易做到，就像我之前提到的货币市场基金定投。你不会被亏损折磨得"茶不思，饭不想"。但是，你的财富积累也会很慢，实现财务自由的时间也会很长。如果你想早日实现财务自由，你应该学会如何承担风险，如何利用时间效应来将风险变成财富。而本书将会告诉你如何进行合理的规划来降低承担风险所带来的痛苦，实现当前和未来幸福的生活。

理财，不仅仅是一门关于"钱"的学问，也是关于"人生"的学问。早日让孩子掌握金钱的真谛，成为金钱的主人，才能早日开启幸福人生。

　　我给很多金融机构做过理财培训，包括银行、保险、证券、第三方理财机构等。在与这些学员的交流过程中，我发现许多学员学完课程后都发出了这样一个感慨："如果十年前就懂得如何理财该多好，那我现在就不是这个样子了。"

　　的确，如果十年前你就学会了理财的方法与技巧，并真正运用于实践，你的财富将比现在至少要多出一倍。很多来听过我的课程的学员最后都觉得学费很划算，因为在上完整个系列课程后，他不仅能将学费全部"赚"回来，还能以学费的双倍、十倍、数十倍地"赚"钱。最重要的是，这些钱是"赚"的，而不是"挣"的。最最重要的是，这些钱提升了他的幸福指数，让他清楚地知道了应该如何用金钱来实现人生目标，而不是被金钱所奴役。

　　也许你还在为你失去的十年而懊悔。赶紧忘掉你过去的十年吧。从现在开始，为了你的下一代，为了你的下下一代，学习如何从小培养理财观吧。在你努力提升孩子智商和情商的同时，别忘了还要提升他的财商哦。可惜的是，在正规的教育体制中，尚无此类提升财商的系列课程。所以，希望孩子未来过上幸福生活的爸爸妈妈们，要亲力亲为地为孩子上好理财的第一课。

　　第一步要做的是什么呢？就是让孩子知道什么是钱？钱有什么用处？受过传统教育的父母们一提到"钱"，总是会有种不自在的感觉。也许是"万恶钱为首"的思想在作怪。也正是这样一种思想，使得中国孩子的财商教育大大落后，似乎教育孩子认识金钱也成了一种"罪恶"。然而，更糟糕的是，一些对金钱缺乏正确认识的人，长大之后成了金钱的奴仆，甚至因为金钱而坐了监牢。

　　如何让孩子知道什么是钱呢？你可以带着孩子一起去买玩具。在挑选玩具的时候，你需要教会孩子看玩具下面的价格标签。比如，你的孩子看到了一个皮皮熊，你要指引他去看这个皮皮熊的标签价格。当然，你不能一开始直接问他："这个皮皮熊多少钱？"因为孩子还不懂得如何看这些数字。你得先告诉他，29.99是代表29元9角9分。他可能会问你，什么是元，什么是角，什么分？这时你最好先准备好以下钞票：1张100元、10张10元、10张1元、10个1角硬币、10个1分硬币。你可以左手拿着1张10元的钞票，右手拿着10张1元的钞票，然后告诉他左手的钞票和右手的钞票能买到同样的东西，也就是说，左手的钞票和右手的钞票是等值的。这样做的目的是让他能明白"兑换"的概念。同样，你可以左手拿着1张1元的钞票，右手拿着10个1角的硬币，告诉他这也是等值的。在明白了兑换的概念后，你还可以问他："这些钞票哪个最大？""哪个最小？"

明白了这些以后，你可以教孩子用钞票凑成29.99这个数字。你告诉孩子，拿出2张10元、9张1元、9个1角硬币、9个1分硬币，就可以凑出29.99这个数字了。这里需要耐心，因为孩子可能不一定很快地能理解为什么要这样做，所以你一定要让孩子认为这是一个游戏，而不是一个学习任务。许多家长在教育孩子的时候，总是将学习看成是孩子的任务，而没有去关注孩子在学习过程中所获得的乐趣。孩子每天被施加了很多任务之后，会对学习产生厌烦的情绪，从而将学习看成了一种负担。所以读到这里的读者朋友，请一定不要将这些强加给孩子，你只需要让他将这些看成是一种好玩的游戏就可以了。

我的孩子2岁时就认识数字了，不是因为我每天教她如何写1、2、3、4……，而是让她玩扑克牌。在玩的过程中，她很快就学会了这些数字，并知道如何比较大小。我相信很多家长自己都有这样的体会：只要是玩的东西，似乎很快就能学会，而且乐此不疲；但只要变成了任务，就不想做了。所以，千万不要将有趣的学习变成了任务。

当你教会孩子什么是钱后，你还要教孩子如何使用这些钱。当孩子选好了玩具之后，你就让孩子从你准备好的钞票中拿取相应数额的钞票。注意，最好不要直接从你的钱夹中拿钱，那样有可能会让你的孩子认为钱都是来自你的钱夹，以后就有可能老盯住你的钱夹了。你应事先准备好上述的钞票，放在一个专用的盒子里，每次教他使用时就用这个盒子，但是用完之后回家时你应将放在里面的钞票取走，盒子仍然留在孩子的视线里。

你在买单的时候要带上孩子。最好的方式就是让孩子从盒子里拿出相应数额的钞票交到收银员手中。虽然现在很多商场都使用刷卡机，但如果你要教孩子的话，最好还是使用现钞。刷卡是一种促进消费的方式，但却不见得是一种好的理财方式。你可以回想一下，你有几次能够记住你刷卡消费的金额？即使是一个月之前的消费，你都未必能想起来你当时买的那个东西花了多少钱？如果你是使用现钞的话，你的记忆比刷卡时的记忆要更为清晰。孩子也就是在这个过程中体验了用钱购买玩具的过程。他会逐渐地明白，要想得到自己喜欢的东西，需要用金钱来支付。

接下来，要教孩子的就是如何得到金钱，空洞地告诉孩子"金钱是爸爸工作或妈妈工作换来的"没有任何的实质意义。因为工作并没有成为孩子生活中的一部分。孩子既不知道什么是工作，也不知道工作为什么能换到金钱，更不用说工作的价值在哪里了。你不需要给孩子讲一堆关于工作的道理。你只需要让孩子参与一部分"工作"，然后奖励给他一部分"金钱"，他很快就能明白怎么换来"金钱"了。

怎么做呢？很简单，你可以让你的孩子做一些额外的家务劳动，并给予其金钱上的奖励。注意，我这里所讲的是"额外的"家务劳动，而不是孩子本来应该做的家务。对于孩子来说，收拾自己的玩具和清洁自己的房间是孩子分内的事情。你得教会孩子做这些分内的事情。你不可以用金钱来奖励孩子做分内的事情，这会让孩子误以为做任何事情都需要别人支付金钱。这样的孩子长大以后不愿意帮助他人，所作所为都可能是"为了钱"，成为真正的"拜金者"。为了避免出现这种情况，你只能对孩子额外的家务劳动给予奖励。

比如，帮妈妈洗菜，洗完后奖励"1元"；帮忙打扫爷爷奶奶的房间，打扫完后奖励他"2元"等等。这样，他就知道如何用劳动来"挣"钱了。你还可以将劳动的强度划分为不同的等级，给予不同级别的奖励。比如，擦桌子这样简单的"劳动"支付"1元"；洗碗这样稍微辛苦的"劳动"支付"2元"。如果你为了鼓励孩子努力学习，也可以将学习成绩排名多少作为奖励的标准。同样要注意，以增量来激励比以存量来激励的效果要好。比如在班级排名进步了10名，奖励"100元"；排名进步了20

名，奖励"50元"。一定要注意，对于你特别希望孩子获得的东西，奖励强度要大一些。否则，孩子会用其他的行为来"挣"同样的钱。比如，如果你将班级排名进步20名的奖励设置为10元，那么他可能会通过洗5次碗来获得10元，而不是努力地去学习，因为他可能觉得排名进步10名的压力比洗5次碗的压力要大。我想你要教他的不是用体力劳动去"挣"钱，而是希望他能用脑子去"赚"钱。千万别激励错了，错误的激励会引导孩子走向错误的方向。

　　孩子在这个过程中会学习到以下的知识：第一，钱是靠额外的付出获得的。注意，我这里并没有说是靠"劳动"获得，我说的是"钱是靠额外的付出获得的"。这个观念很重要。有什么样的额外付出，就有什么样的回报。你额外付出得越多，得到的也就越多。比如孩子比以前付出更多的时间学习，就可能取得更好的成绩，而这样得到的奖励也越多。这个观念也可以用到理财上。还记得之前所说的"财务自由"吗？财务自由就是你的理财收入超过了你的日常生活支出。而理财收入相对于工作收入来说可以看成是额外的收入。如果你之前有额外的付出去打理你的财富，那么你就会有额外的收入来实现你的财务自由。学习理财的知识和技巧、在实践中摸索理财之道，这些都是额外的付出。这些额外的付出会带给你额外的收入。

　　孩子能学到的第二点知识，就是所干的工作不一样，得到的钱也会不一样。比如，擦桌子和洗碗两件不同的工作得到的钱是不同的。如果孩子认为学习是最容易挣钱的事情，只要他不是极度厌恶学习的话（事实上没有人抗拒主动学习），他会逐渐喜欢上学习。

　　但是，这些措施要能生效的前提是你没有给孩子提供特别多的"溺爱"。有些家长只要是孩子喜欢的玩具，都为孩子买下来。这是不恰当的。因为如果孩子觉得只要是他想要的东西，都会有人为他买，那么他就不需要通过自己的努力去实现目标了，而你提供的金钱激励也就没有任何意义。在他根本不需要自己用钱去买自己喜欢的物品时，他需要钱来做什么？他不会对钱有兴趣。在你教育孩子之前，一定要给孩子留有"欲望"

的空间，因为实现"欲望"也是获得幸福感的来源。让孩子通过自己的努力实现自己的欲望，也是在培养他的独立生活能力。

孩子学会在家"挣"钱后，应该鼓励孩子走出去"挣"钱。我在温哥华的时候，有一次出门，在街上看到一对外国夫妇带着一个六七岁的孩子在家门口卖水。卖水的并不是这对夫妇，而是这个孩子。当我走过他家门口时，这个孩子吆喝着："要不要喝点水？"我很好奇，就过去尝试着买一杯水。一杯水是0.5加元，水中加了一点柠檬，从孩子拿的水壶中倒入我买下的杯子。当我买下一杯水后，孩子告诉我，还可以免费加水。孩子还问我，水的味道如何。其实，这对外国夫妇就是在从小教育孩子如何独立、如何挣钱。一是可以锻炼孩子的胆量，建立孩子的自信；二是可以锻炼孩子与人交往的能力，学会面对各种情况。你也可以鼓励孩子做一些力所能及的事情，并从别人那里"挣"钱。

孩子学会"挣"钱之后，接下来就是学习如何"储蓄"了。一般的家庭都会为孩子准备一个储蓄罐，用来将每次"挣"的钱储存起来。但我觉得这不是一个最佳的办法。最佳的办法应该是带着孩子去银行，教孩子如何往银行存钱。我相信很多家长一直到现在都不一定能全面了解银行的业务。这一方面与我国的银行常年靠存贷利差吃饭有关，对其他服务的推广严重滞后；另一方面与很多家长去银行也只知道如何存钱取钱有关，他们并没有去关心如何使存款收益增大。所以尽早地带孩子去银行，能让孩子对银行有更多的了解。用孩子的名义在银行开设一个他自己的储蓄账户，告诉孩子如何将他"挣"到的钱存入这个储蓄账户，以及如何查看账户的金额。

接下来，最重要的环节登场了，这个是孩子财商得到极大提升的一个环节。当你教会孩子如何查看账户金额后，你就可以开始教他"利息"的概念。你可以告诉他："如果存100元进去，1年后你要把钱取出来的时候，银行会给你103元。你愿意存银行还是愿意现在买玩具？"他可能会问："为什么银行要给103元？"你就可以告诉他这3元是银行给的利息。如果存钱到银行，银行就会给利息。你可以告诉他："如果你现在把钱存在银行，钱会生钱；如果你现在买了玩具，那么钱就不能生钱了。"

也许很多孩子还是会选择现在买玩具。这说明什么呢？这说明孩子认为现在拥有玩具的快乐比一年后拿到3元钱利息的快乐要多，所以孩子选择了现在买玩具。没错，大多数不愿意存钱的人都是这个心理。"有钱就花"、"及时行乐"的心态主导他的行为。如果我们只从孩子当时的幸福感出发，我们是应该支持孩子现在买玩具的。因为现在买玩具是孩子能获得最多快乐的一种方式。但是别忘了，人不能只考虑当时的幸福，而忘记了未来可能承受的痛苦。如果孩子选择了现在买玩具，当有更好的玩具出现时，他就没有了选择的权利。而如果有另外一个孩子用之前储蓄的钱购买了这个更好的玩具时，孩子因没有得到而产生的痛苦比之前得到玩具时的快乐要强哦。这正像我们经常因一时冲动购买了本不需要的物品，但当我们要交付房租或购买生活必需品时却捉襟见肘陷入困境。这种困境让我们后悔当初购物时的冲动，但又无法改变自己非理性的行为，从而对自己也充满着失望。

赶紧利用这个机会来教孩子形成良好的意识吧。你可以这样告诉孩子："如果你现在不买这个玩具，那么你以后就可以用银行给你的利息来买个更好的玩具啦。你觉得怎么做最好呢？"最好你能说出比现在这个玩具更好的玩具名称，这样能打动孩子。比如"如果你现在不买皮皮熊，将来你可以买一个喜羊羊哦。你觉得怎么做最好呢？"孩子也许不会被打动，这没有关系，你不要去强迫孩子改变。你所需要做的就是引导孩子，所以你一定要用选择型的句式来提问，让孩子自己做出选择。孩子或许并没有明白你所说的意思，因为他第一次接触这些。这和大人们第一次接触到新生事物，总是心怀忐忑一样，一旦熟悉之后，就知道怎么迅速处理了。所以，你要做的就是进行多次的引导，让孩子在这个过程中自己进行思考，并最终做出自己的选择。家长强加给孩子的思想是得不到认同的，即使是对的，也会引起孩子逆反的情绪。要记住，观念的形成需要一个过程。只有真正认同了这个观念，才会在行动中不断地落实这种观念。

当你的孩子选择了现在放弃买玩具的想法并将钱存入银行时，表示孩子已经有了"储蓄"为将来打算的意识。但这只完成了一步，还有一个步骤才能使孩子真正地理解储蓄的意义所在，这个步骤就是兑现"愿望"。当孩子将钱存够一定期限之后，你应该引导孩子将这笔钱"花"掉。比如，在买皮皮熊的时候，皮皮熊的价格是30元，喜羊羊的价格是40元。孩子当初只有30元，只能买皮皮熊。但经过你引导后，他放弃了买皮皮熊，而选择了存钱。如果一段时间后他又挣了9元，加上30元获得的利息，刚好有40元，这个时候你应该引导他去买喜羊羊了。也许你会问为什么？

接下来我这里要说的是理财的另外一个重要的观念：理财是为目标而"理"。你在教会孩子如何存钱之后，一定要继续教会孩子如何用钱。孩子存钱是有目标的，他的目标就是将来能买一个更好的玩具。如果到了将来，孩子发现他仍不能用钱来换取他想要的玩具，他就会觉得存钱是一件无意义的事。所以，你一定要引导孩子"花"钱：在合适的时候进行消费，从而达成理财目标。理财目标就是理财中的导航灯，只有有了清晰的目标，才知道如何行动。

中国许多家庭的储蓄率非常高，这为积累财富创造了条件。但是，很多家庭却并没有掌握"花钱"的技巧。比如，一些家庭在2006—2007年的牛市中靠投资股票或基金"赚"了不少钱，但却没有设定理财目标，所赚到的钱不知道怎么用，于是仍然投资在股票市场中，希望"赚"更多的钱。市场总是有盈有亏，一部分投资者之前赚到的钱在市场下跌过程中又还给了市场。这也经常被投资者笑称为"一夜回到解放前"。这就是没有设定目标所导致的。由于没有事先设定理财目标，投资者无法选择最恰当的投资方式，也就没有办法进行最恰当的决策。在对孩子理财教育的启蒙过程中，教会孩子根据目标来选择储蓄是非常重要的。因为只有孩子在这个过程中明白了储蓄的价值，才会为实现目标而去储蓄。如果孩子储蓄的钱足够买一个喜羊羊了，但你却教育孩子继续储蓄，孩子的目标就变得模糊不清了。孩子就不明白到底要储蓄到什么时候才能用这笔钱？储蓄到底是为了什么？是为了让钱增值？还是为了用钱来买东西？如果是让钱增值，究竟要增值到什么程度才能取出来？这些问题会困扰孩子。所以，你要教孩子的是：存够买喜羊羊的钱就取出来买喜羊羊。这样孩子储蓄的目标是很清晰的，而且只要他实现了目标，他的理财就是成功的；否则，在没有目标的情况下永远也无法成功。

现在到了孩子该从储蓄账户中取钱去买喜羊羊的时候了。但是，不幸的事情发生了。孩子到商场一看，喜羊羊的价格比去年贵了5元钱，涨到了45元。孩子好不容易存的40元钱却不够买喜羊羊了。这个时候，孩子一定很失落。不过没关系，上帝在关闭一扇窗户的时候会给他打开一道门。这个时候正是他领悟另外一个概念的最佳时机。这个概念就是"通货膨胀"。你可以告诉孩子，喜羊羊的价格有可能会涨，这是因为大家都喜欢喜羊羊，所以大家都抢着买，于是店家就提高了喜羊羊的价格。

作为家长的你是否也遇到过类似的情况？比如你好不容易存够了20万元准备买房，却发现房价已经涨到了30万元；等你好不容易存到30万元，又发现房价已经涨到了60万元。到后来，你终于发现存钱是没有用的。因为储蓄的增值速度比物价增长幅度要慢。10年前存的10万元，10年后加上利息取出来大概有16万元（按5%年利率复利计算）。但10年前10万元可能买2个10平方米的车库，而10年后取出来16万元可能只能买到一个10平方米的车库了。如果10年前你有10万元，你是愿意放在银行存着？还是愿意买2个10平方米的车库呢？

回到你的孩子买喜羊羊这件事情上来。如果一年前我们能预计到喜羊羊的价格会上升到45元，那么你应该教孩子当时怎么做呢？是教他如何存到45元？还是教他先借40元买下喜羊羊，然后再存钱用来还债呢？什么才是最优的选择？你可以按如下步骤来教：

第一步，你告诉孩子这个喜羊羊以后可能会涨到45元，但你可以先借40元钱给他买下喜羊羊。你先让孩子自己思考一下是借还是不借，然后问他的理由是什么。如果孩子说借，并认为现在借40元就可以买下喜羊羊，你要伸出大拇指来鼓励孩子。但同时，你还要进一步告诉孩子，借的40元是要还的。孩子的储蓄账户现在只有30元，意味着你要告诉他还需要挣9元钱并加上银行的利息1元钱来还你借给他的40元钱。1年之后，你要从孩子的账户里将这40元钱收回来。这个过程可以让孩子明白，有时候是需要先借钱来投资的。如果孩子借了40元先买了玩具，意味着他节约了5元钱的现金，他可以少洗5次菜。

第二步，你告诉孩子，借钱是有利息的。利息率是5%，也就是借100元要还105元，借40元要还42元。然后，再问孩子是否要向你借钱？如果孩子回答说"借"，并指出如果现在借40元可以买下喜羊羊，未来只要还42元，这比未来花45元买喜羊羊要划算，那么你要立马伸出大拇指来鼓励你的孩子。这说明你的孩子太有理财的天赋了。如果你的孩子回答不上来，你就告诉他这个答案，并教他这样思考。在这种情况下，孩子可以少洗3次菜。

第三步，你更换一下利息率。你把利息率提高到15%，也就是借40元要还46元。你再问孩子是否要向你借钱买喜羊羊。这时，如果孩子说："不借，因为我一年后只花45元就可以买个喜羊羊了，为什么我要向你借钱呢？向你借钱我还要多花1元钱。"恭喜你，你孩子的财商已经达到中上水平了。

经过上述三个步骤后，我们和孩子一起来总结一下这个过程中所展示出来的道理：

第一，在如果未来的商品价格可能上涨时，这时可进行提前消费。在资金不足的时候，可借钱进行消费。

第二，在借钱消费的时候，需要注意借钱的利息与商品价格上涨空间的差异。当借钱的利息低于商品价格上涨空间，就可以借钱来消费；相反，当借钱的利息高于商品价格上涨空间，最好不要借钱消费。

这应该是一个很浅显的道理。但要运用自如，则不那么容易。原因有这样几个：

其一，未来的商品价格会不会上涨很难预测。但我们经常留意一些商品价格就会发现部分商品的价格规律，比如一些金属制品的电器价格会上涨，这是因为原材料价格会上涨，但电脑、手机等商品的价格会下跌，因为技术更新快。

其二，你不一定能借到钱来买下这个商品。所幸的是银行提供了信用卡方便你提前消费，但很少人能记住信用卡的贷款利率是多少，也很少有人去对比贷款利率与商品价格上涨空间的差异。

其三，很多人认为没有必要为这点小钱去伤神。这也是大多数人无法成为富人的原因之一。大家其实都明白一个道理：不积小流，无以成江河。但很多人却忽视了"小流"，一心看着"江河"。在对待钱的态度上，钱多钱少其实都一样，因为理财方法是不因钱多钱少而改变的。如果能从小就养成好的理财习惯，经过多年积累，"小流"将汇成"江河"。

中国香港首富李嘉诚先生曾有过这样一段故事。有一次，一个保安看见李嘉诚先生从酒店出来，不小心掉落了一枚硬币，向排水沟滚去。李嘉诚连忙弯腰去追这个硬币。这个保安赶紧帮他一起追捡。保安的动作比较利落，捡起硬币后毕恭毕敬地还给李嘉诚。李嘉诚高兴地把硬币收好后，却拿出100元港币用来酬谢保安。周围的人看了都大为不解：为了捡一个硬币而劳神，但又给了保安100元作为酬谢，这是为什么？李嘉诚解释说："如果我不捡回这个硬币，这个硬币就没有人用了；而我给保安的这100元，他是可以用来消费的。钱可以使用，但是不能浪费。"一个身价几百亿美元的富豪都如此重视"小流"，作为普普通通的你我，是不是更应该重视"积小流，成江河"呢？

教会了孩子储蓄、借贷与消费的关系后，就可以教孩子如何合理消费了。这时，对于是否要购买某个玩具，家长可以提供意见，但最终的决定交给孩子来做。一方面是培养其独立意识，另一方面是培养其判断能力。孩子用自己的钱去购买玩具，他会逐渐学会判断什么玩具好什么玩具不好。比如，买烟花的钱和买变形金刚的钱都一样，家长可以提示孩子烟花玩一次就不能玩了，而变形金刚可以玩很多次，让孩子自己做决定，家长不要强行干涉。孩子会通过他的观察和学习认识到这两种玩具的不同，而他会根据自己的喜好来做出选择。不论如何，只要他是用自己的钱来支付的，他有权利选择他喜欢的玩具。家长所要做的只是引导孩子观察和学习，而不是要孩子按照成年人的思维去做。有些家长心疼孩子，可能会在孩子购买了变形金刚后，自己又掏钱买烟花来哄孩子。这样做的后果对孩子的成长是不利的。孩子会以为能同时得到很多东西，而且并不需要自己去努力，从而学会了"贪婪"和"懒惰"。

为了总结储蓄和消费的经验，家长还需要教孩子如何记账。比如，家长应为孩子先准备一个手写记账本。家长在记账本中帮孩子制作如表2-1所示的简易记账表。

表2-1 　　　　　　　　　　　　　简易记账表

收入				支出			
日期	事项	金额	备注	日期	事项	金额	备注
2013年1月20日	压岁钱	100元	姑姑给的	2013年1月22日	买变形金刚	60元	××超市
合计		100元		合计		60元	
节余		40元					

每次有一笔收入时，就让孩子记入左边栏目，并存入银行。孩子消费时，从银行里取现消费，或用银行卡刷卡消费，记入右边栏目。

保持好的记账习惯并不是一件容易的事情。很多时候孩子消费了却忘记记账，所以家长要协助孩子养成这样的好习惯，每消费一笔要及时进行记录。如果记账本不方便携带，可以在外出所带的包里放一些可供记录的纸张和笔，消费后将商品名称和价格写上，回到家后及时补登在记账本中。很多家长自己也没有养成及时记账的习惯，到想起要记账的时候再去回忆，结果往往是什么也想不起来了。人们常说："好记性不如烂笔头。"我觉得用在这里再合适不过。

一些商店提供售货小票，这使得记账变得简单了。只要好好保留这些小票，就能按小票上提供的商品名称和价格记入记账本了。每次购物买单时，让孩子保管小票，并拿回家供记账所用。即使孩子当天玩得尽兴，忘记记录了，日后还可以通过查看这些小票来补登记账本。小票还有一个功能，就是核对账务。当记录过程中不小心出现笔误，比如将"8"写成了

"3"，或将"1"写成了"7"，日后要查找错误时就可以利用这些小票。所以，即使当天将小票上的消费记录记入了记账本，最好还能保留小票3个月左右，一般可以一个季度核对一下记账是否有误。如果每月都核对记账是否有误，保留小票到核对完为止即可。

孩子学会记账后，年底可以教孩子学会分析自己的收支情况。很多人以为分析工作应该是研究人员来做的，但简单地分析自己的收支情况并不需要复杂的分析工具。自己的收支分析最好自己来做，以便于掌握和控制自己的财务状况。

为简单起见，可以把孩子财务状况的分析分成两个步骤来教。第一个步骤是教会孩子如何分类。比如，你可以这样问孩子："如果我们把收入分成两个部分：一是你自己干活挣的钱，我们记作'A'；二是你的储蓄赚的利息，我们记作'B'。你能在你这一年记录的每笔收入后都标出是A还是B吗？"你可以把这个当成一个游戏和孩子来玩，也可以把它当成一个工作让孩子来做。不过，别忘记工作是要给报酬的哦。同样，对于支出，你可以这样问："如果我们把支出也分成两个部分：一是你必须要买的，我们记作'C'；二是你可买可不买的，我们记作'D'。你能在你这一年记录的每笔支出后都标出是C还是D吗？"

当孩子学会标注后，接下来可以将孩子记录的收入、支出汇总成表2-2了：

表2-2　　　　　　　　　　收入支出分类汇总表

收入	金额	支出	金额
A.干活挣的钱	（1）	C.必须要买的	（3）
B.储蓄赚的钱	（2）	D.可买可不买的	（4）
合计	（5）	合计	（6）
节余	（7）		

这个表并不难做，只需要将所有标注为A的金额加总起来填入（1）这个格子（如果你的孩子还不会加法，家长可以帮忙计算填入表格）；将所有标注为B、C、D的金额分别加总填入（2）、（3）、（4）这三个格子。

然后将（1）和（2）相加，填入（5）这个格子，将（3）和（4）相加填入（6）这个格子。最后，将（5）减去（6）得到的差额填入（7）中。

填写好后，你可以和孩子一起来分析有多少钱是通过干活挣到的，有多少钱是通过储蓄赚到的；有多少钱是花在了必须要买的物品上，有多少钱是花在了可买可不买的物品上，以及1年来的节余是多少。

完成上述步骤后，有几个可供家长根据孩子的实际情况进行选择性的分析：

第一，家长还可分析一下孩子对必须买的物品和可买可不买的物品的分类情况，这样可以了解到孩子的喜好。比如，有些物品是家长觉得可买可不买的，但孩子却觉得是他/她必须买的，那是因为孩子对该物品的喜爱程度非同一般。

第二，家长还可与孩子一起分析干活挣钱容易还是用储蓄赚钱容易。有些孩子会认为干活挣钱挣得多而且快；有些孩子则会认为储蓄赚钱容易，因为不需要做其他事情。家长可以适时地这样引导孩子："储蓄赚钱是不需要做其他事情的，但要想赚得多，你的本钱需要多才行。那么，怎么才能让本钱变多呢？你可以先通过干活挣更多的钱用于储蓄，也可以适当地减少一些可买可不买的物品的开支以增加你的本钱。"

第三，如果孩子明白了第二步的道理，当孩子开始适当地减少可买可不买的物品的开支时，你可以继续引导孩子这样思考："我们来看下你的收入支出分类汇总表吧。你看，你每年必须购买的物品是500元。如果不用干活挣钱都能赚到这500元，你需要多少本金呢？（假设利息率是5%）"如果孩子还没有学过除法，你可以帮孩子计算一下，算出来的金额是10 000元。然后，继续这样引导孩子："如果你的账户中有10 000元的本金了，你就可以用银行给你的利息来支付必须购买的物品开支了！你喜欢这样吗？如果你的本金越多，那么银行支付给你的利息也越多，你还可以用银行支付的利息来购买一些可买可不买的物品。"这个过程就是"财务自由"概念的启蒙，孩子在这个过程中会学习到如何用"赚"到的钱来支付必需品的开支。

第四，在孩子明白了第三个步骤中蕴含的道理后，家长可以继续引导孩子回到收入支出分类汇总表的分析上："如果你想未来能自由地购买你想要的物品，你有几种方法可以实现呢？"提出问题后，让孩子自己思考答案。这个问题的答案有很多，而每个答案都体现了孩子当前不同的理财观。比如，有的孩子会说："我可以多干活，挣更多的钱，就可以买更多的东西了！"有的孩子会说："我现在要少花钱购买可买可不买的东西，这样我可以省下很多钱，以后就可以买更多的东西了。"有的孩子还会说："我可以多存钱，从银行获得更多的利息，用利息我可以买到更多的东西！"第一个孩子是希望通过"挣钱"来支付自己想要的商品。第二个孩子是希望通过"省钱"来满足未来的支付。第三个孩子是希望通过银行的利息来支付自己想要的商品。正在看这本书的你，会教孩子用什么样的方式来支付自己想要的商品呢？

第五，如果你的孩子希望通过银行的利息来支付自己想要的商品，你现在可以带孩子去银行查看利率表了。为什么要这么做呢？你一定要带孩子去亲身感受最重要的事情，否则孩子永远也无法理解为什么一个数字会那么重要。很多家长经常去银行，却忽略了跟自己财富最密切相关的信息：利息率。有几个家长知道什么时候降利息了？什么时候升利息了？没有认真理过财的家庭一定都不知道这些信息，而对这些信息的敏感程度则是影响一个家庭财富水平的重要因素。如果你的孩子希望通过银行利息来支付自己想要的商品，那么利息率是不是非常重要呢？当然非常重要。利息率决定了你的孩子存在银行的资金能获得多少的增值，而增值的部分又能购买多少想要的商品。你带孩子去银行看利率表，就是让孩子亲身体验那些数字背后的意义。当银行的利率发生变化的时候，你要再次带孩子去看那些变化了的数字。当然，现在通过互联网能在中国人民银行的网站上很快地查到利率表，但这种方式给孩子带来的体验与亲自带他到银行获得的体验是完全不同的。在他真的明白了数字背后的意义之后，你就可以让他在互联网中查询这些信息了。

第六，孩子看到利率表之后，他会发现有存款和贷款利率，并且还会发现不同期限的利率是不同的。你可以让他观察利率表，并这样引导他思考："你能看出利率表中这些数字有什么规律吗？"如果他能给出以下答案中的任意一个，你都应该为你的孩子感到骄傲。第一，同期贷款利率比存款利率高。第二，长期利率比短期利率高。也许孩子也会发问："为什么贷款利率要比存款利率高呢？"或"为什么长期利率要比短期利率高呢？"如果孩子没有发问，你可以反过来问他这两个问题。对问题的回答不要直接给出答案，而要引导他去思考。对于为什么贷款利率比存款利率高的问题，你可以这样引导他思考："如果你把100元钱存在我这里，我给你3%的存款利率，那么一年后你可以拿到多少钱呢？是不是103元？那如果你中途要买玩具，又向我借钱，我应该收你多少的贷款利率好呢？如果我收2%的利率，行不行呢？收4%的利率呢？"对于为什么长期利率比短期利率高的问题，你可以这样引导他思考："如果我向你借钱，可以借3年，也可以借1年。如果你不收利息，你更愿意借给我几年？是不是你就只愿意借给我1年，而不愿意借给我3年了呢？因为如果你只借给我1年，你还可以将钱存入银行获得另外2年银行给你的存款利息；但是如果你借给我3年，这3年你就没有任何银行存款利息可拿了。我们刚才说的是你不收利息的情况。现在，我们再看下如果你要向我收取利息的情况，假设银行1年存款利息率是3%，那么我向你借1年的钱你会收取多少利息，借3年的钱你会收取多少利息呢？是不是一样的道理？而且你收取的利息应比银行存款利息率要高你才划算。"

如果上述六个环节你都做到了，而且你的孩子也都明白了其中的道理，那么恭喜你，你孩子的财商启蒙教育已经顺利完成，相信他一定会成为未来的理财之星。

在上面的这六个环节中，我们实际上是在给孩子教授经济学或金融学里这个最基本的概念：机会成本，而幸福也依赖于机会成本。

机会成本在教科书中的定义是："为了得到某种东西而所要放弃另一些东西的最大价值。"孩子有40元的时候，要么选择买皮皮熊，要么选择买喜羊羊，而不能"鱼和熊掌兼得"。这就是机会成本，买喜羊羊就必须放弃买皮皮熊。同样，孩子为了未来购买更好的玩具，必须放弃现在想买的玩具；为了存更多的钱，必须放弃现在可买可不买的商品；为了获得更多的长期存款利息收入，必须放弃短期存款的想法。所以，机会成本表明在做任何决策时都是在进行一种权衡，得到一样东西的时候必须放弃另外一样。

在金融市场里，大家经常听到一句话："风险高、收益高。"其实，这也是一个权衡。你放弃了承担高风险，那么你就只能获得预期较低的收益。你不可能一方面不承担风险，而另一方面却要获得高收益，但很多人却都妄想着以低风险来获得高收益，所以经常会被一些居心叵测的人所抛出的"低风险、高收益"的幌子蒙骗。

幸福也是一种权衡。从萨缪尔森的幸福公式来看，幸福就是在效用和欲望之间权衡。如果能放弃一些欲望，那么幸福就多一点。如果能知足常乐，一点点小事都能提升效用，那么幸福也会多一点。如果不与人攀比，不拿自己没有得到的东西作为机会成本去考量，那么幸福也会多一点。比如，别人有高收入，自己没有，就会总觉得自己不幸福。如果经常拿别人失去的东西作为机会成本去考量，那么幸福也会多一点。比如，别人高收入是通过辛苦工作、放弃陪伴家人的时间来获得的，而你虽然没有高收入，但却有更多的时间陪伴家人，你就会觉得自己比别人幸福。

对于孩子，从小教导他"鱼与熊掌不可兼得"的观念，对他的成长和幸福观将有很大的帮助。因为未来孩子需要进行很多的选择，既然是选择，那就意味着需要放弃某样东西。如果知道选择是有机会成本的，那么只需要根据机会成本的大小来决定要做什么、不做什么。举个例子，你现在在读这本书，而读这本书的时间你可以用来做其他事情，比如见客户。你选择读这本书的时候，你就放弃了去见客户，你可能损失了一单生意。但你为什么还是选择了读书呢？因为你读完这本书，你所"赚"到的收益比你损失一单生意的机会成本要大。

我以前经常在周末给学员授课，一讲到"机会成本"的时候，我就会让学员自己算一个账，看看来学理财的课程到底是划算还是不划算。学员一开始都在计算自己所交的学费，以及在上课期间老师所传授的知识给他们带来的收益。其中有一讲让我记忆深刻。一个学员听我讲完一个案例后，她立马站了起来，说："陈老师，要是早听你的课就好了，早听你的课，我所交的学费几倍都赚回来了。"我当时笑了笑，其实我心里在想："你应该把你的机会成本也计算上，我所上的课程连你的机会成本都赚回来了。"学费只是显性成本，而机会成本则是隐性的。如果你一个小时的工作酬劳是400元，那么你来上一个小时的课程的机会成本就是400元。如果学费是500元/小时，那么你的总成本至少是900元。如果你上了40个小时的课程，你的总成本至少是36 000元。这意味着上完课程之后你要利用课程所学赚到至少36 000元，你选择这个课程才是划算的，而真正有价值的理财课程总是能让你赚取比这多得多的收益。

　　理财，不仅仅是一门关于"钱"的学问，也是关于"人生"的学问。早日让孩子掌握金钱的真谛，成为金钱的主人，才能早日开启幸福人生。

初涉职场，摆脱月光

理财是一种长期的行为，是"积小流、成江河"的事情。职场新人，不论你有钱还是没钱，你都应该开始理财。没有钱的时候，要通过"理财"积累小钱；有钱的时候，要通过"理财"来"赚"钱。

你现在刚进入职场么？如果是，那么这一章是专门为你而写的。

作为新人，不仅在工作中要学的东西很多，在生活中要学的东西也很多，而与你的生活密切相关的就是如何安排你的收支，以避免陷入困境。

大多数的职场新人所具有的特征如下：收入不高、还没有形成工作圈子、较少工作应酬、有自己的时间、还没有明确的理财目标、总觉得钱不够花。

另有一些职场新人则有不切实际的目标，比如希望工作2～3年后能买套较好的房子。不可否认，在一些收入较高的行业，职场新人通过自己的努力2～3年后或许可以积累一套房子的首付款，但多数行业的职场新人在工作2～3年后想买房的愿望并不现实。正如幸福公式中所揭示的道理一样：你的欲望越大，那么你的幸福感就越低。买房子的欲望降低了大多数家庭的幸福感。很多的家庭在买房前节衣缩食，就是为了凑够买房的首付款，可是在凑够买房的首付款后猛然才发现房价又上涨了不少。更为可悲的是，好不容易交了首付款，本以为可以轻松下来过上舒适的生活，却又发现房贷成了未来几十年压在头顶的一座大山。于是，仍然节衣缩食，其目的只有一个：尽早偿还房贷，过上自由的生活。

对于职场新人来说，面对全新的工作，压力自然不小。这个时候不宜过早地将"买房"、"买车"的目标提上日程，因为这会使得自己同时面对工作和生活的压力，将无法安下心来踏踏实实地工作。目标是一步一个脚印有规划地去实现的，而非靠偶然的幸运撞上。在人生的每个阶段，都有每个阶段要做的事情。就好像在童年的时候应该快快乐乐地玩耍，在上学的时候应该用心地读书，在工作的时候应该专心地工作，在退休的时候应该安享晚年。但是，有些人就是要打乱这个顺序，比如在上学的时候快快乐乐地玩耍，在工作的时候安享晚年，结果会怎么样呢？结果就是"少壮不努力，老大徒伤悲"。

因此，职场新人的首要目标是做好工作。不管你是本科毕业也好，是硕士、博士毕业也好，只有做好了工作，创造了价值，你才会从所做的工作中得到相应的回报。许多职场新人抱怨自己的付出并没有得到相应的回报，其最根本的原因在于职场新人并不明白一项工作最重要、最核心的环节是什么，往往将自己所做的工作当成了最重要、最核心的环节。不妨换位思考一下，如果你是一个项目的负责人，你会把最重要、最核心的环节交给一个新人来做吗？只有你通过勤奋地工作，晋升为一个项目的负责人时，你才能明白一个项目中最重要最核心的环节是什么。而这个时候，你的工作才能获得更大的回报，而这个回报可能仍然是你认为低于付出的一个回报。这是因为人的欲望是无限的。如果你被这种欲望牵引着，你的幸福感就会降低很多。

回到理财这个话题上来。职场新人对"理财"往往有一种错误的认识，认为"理财"是未来的事情，是"有钱了"之后的事情。但经过若干年后，回头一看，自己这么多年工作下来竟然还是两个字："没钱"。这是因为从一开始就没有认识到以下两点：第一，理财是一种长期的行为，而不是一种短期的行为；第二，理财是"积小流、成江河"的事情，而不是一蹴而就的事情。不论你是有钱还是没钱，你都应该开始理财。没有钱的时候，要通过"理财"积累小钱；有钱的时候，要通过"理财"用钱来"赚"钱。

经过这么多年，在我的指导下毕业的学生有很多，从本科生到研究生，从MBA（工商管理硕士）到EMBA（高级工商管理硕士），以本科生居多。由于本科生的收入并不高，所以一些同学毕业之后就成了"月光族"，更有甚者，还可能成为"啃老族"。我们来看一下这样一位月光族的生活：

悦悦，女，23岁，本科毕业1年，长相姣好，成绩优秀，在校期间担任过学生会干部。由于能力很强，被一知名公司招入麾下，月收入4 500元，已有存款5 000元，在招行和农行各办理了一张信用卡。其职业理想是希望5年之后能拿出10万元创立属于自己的公司。但悦悦却发现自己每月都存不了钱，仅有的5 000元存款还是年底发的奖金。

像悦悦这样的人不在少数，那么究竟应该如何帮助悦悦实现她的职业理想呢？

悦悦可以在理财师的帮助下按照如下的步骤来分析自己的财务状况，找到"月光"的症结所在，然后制定合理的规划方案，实现自己的职业理想。

首先，分析自己的收入支出情况。月光族的典型特征就是无节余，有时候还会出现支出大于收入的情况。要想找到症结所在，有必要对每月的收入支出情况进行细致的分析。悦悦之前没有记账的习惯，所以她也说不清楚到底钱花到哪里了。她只知道，每个月一看银行卡，想存点钱，但都没有钱可存。不过，悦悦告诉理财师，她超过100元的消费基本上都是通过刷卡付款，因为这样可以兑换积分。而且，她开设了工资卡和信用卡之间的自动还款功能。理财师告诉悦悦，信用卡的使用记录和工资卡的还款记录能够帮助悦悦记录账目。在理财师的建议下，悦悦打印了信用卡的使用记录和工资卡的还款记录。

　　由于悦悦从来没有记过账，所以理财师给了悦悦一个记录账目的Excel表格，并帮助悦悦制作了如表3-1所示的月收支明细表。

表3-1　　　　　　　　　　**悦悦的月收支明细表**　　　　　　　单位：元

日期	事项	收入金额	事项	支出金额
2013-03-01			交房租	1 500
2013-03-01			取现金	1 000
2013-03-04	发工资	4 500		
2013-03-05			外出吃饭	98
2013-03-08	三八过节费	200		
2013-03-09			看电影/商场购物	789
2013-03-10			超市买菜	203
2013-03-15			看电影/商场购物	248
2013-03-16			超市买菜	212
2013-03-17			外出吃饭	78
2013-03-19			扣手机费	68
2013-03-25			唱歌	58
2013-03-26			超市买菜	197
2013-03-27			外出吃饭	92
总计		4 700		4 543
结余		157		

　　从悦悦的月收支明细表来看，悦悦的月工资几乎刚好被花完，真可谓是一丝不苟的"月光族"。但是仔细分析，发现悦悦的支出里"取现金"一项中的1 000元并不知道具体用途。悦悦怎么也记不起来这1 000元花到

哪里去了,只能大概说出这些钱应该是用在交通和平时买零食上了。理财师建议悦悦以后可以多留意一下现金的花费,并在钱包中准备一张纸记录。如果手机中有备忘录,也可以直接用手机记录。如果购物的地方提供小票,注意搜集和保留好这些小票。因为这些小票可以告诉你将钱花在了什么地方。只有弄清楚了钱的去向,才能有针对性地控制自己的支出。

为了更好地分析悦悦的收支情况,可以将上述收支明细表做一个归类整理。收入可分成理财收入和工资收入,工资收入中又可分成临时性收入和固定收入。支出可分成必要生活支出和可控生活支出。理财师请悦悦对自己的收入和支出进行归类。

悦悦在表3-1的基础上自己填写了收入支出各项的分类,见表3-2。

表3-2　　　　　**悦悦制作的收入支出分类表**　　　　单位:元

日期	事项	分类	收入金额	事项	分类	支出金额
2013-03-01				交房租	必要	1 500
2013-03-01				取现金	必要	1 000
2013-03-04	发工资	固定	4 500			
2013-03-05				外出吃饭	可控	98
2013-03-08	三八过节费	临时	200			
2013-03-09				看电影/商场购物	可控	789
2013-03-10				超市买菜	必要	203
2013-03-15				看电影/商场购物	可控	248
2013-03-16				超市买菜	必要	212
2013-03-17				外出吃饭	可控	78
2013-03-19				扣手机费	必要	68
2013-03-25				唱歌	可控	58
2013-03-26				超市买菜	必要	197
2013-03-27				外出吃饭	可控	92
总计			4 700			4 543
结余			157			

对收入支出进行分类时,每个人做出的分类可能会有所差异。比如有些人会将看电影作为必要支出,认为这是不可缺少的精神生活。有些人会

将买衣服作为必要支出，认为这是提升自己职业形象的必备品。这样做是可以的，因为每个人的生活方式和消费观念都不一样。从理财的角度来说，我们并不是要鼓励每个人缩减消费，而是要鼓励合理地安排消费。理财最终也是为了更好地生活，而要更好地生活，就离不开更好地消费。只不过，正如我们之前所说，要得到一样东西，必须放弃另一样东西。如果把看电影作为现在的必要支出，那么就需要放弃不看电影而积累财富所获得的好处（比如少看20场电影可以买一个手提包）。

根据悦悦填写的收入分类表，理财师制作了如表3-3所示的汇总表：

表3-3　　　　　　　　　　**悦悦的收入支出分类汇总表**　　　　　　　　单位：元

收入	金额	比例	支出	金额	比例
A.固定收入	4 500	96%	C.必要支出	3 180	70%
B.临时收入	200	4%	D.可控支出	1 363	30%
合计	4 700	100%	合计	4 543	100%
节余	157				

从悦悦的收入支出分类汇总表中可以看到，悦悦3月份的总收入为4 700元，其中4 500元是固定收入，占比为96%，200元是临时收入，占比为4%；而3月份的总支出是4 534元，其中3 180元是必要支出，占比为70%，13 63元是可控支出，占比为30%。

从悦悦的上述收入支出分类来看，悦悦每月的收入中绝大部分是固定收入，临时收入不多。大多数职场新人最初的收入基本都来自固定收入，这也决定了悦悦的消费水平。悦悦每月的必要支出必须控制在固定收入以内，才不会陷入窘境。

悦悦3月份的必要支出是3 180元，与固定收入4 500元之间的差距仅为1 320元。这说明悦悦的收入限制了其储蓄水平，即便将1 320元全部拿来储蓄，1年能积累的储蓄也仅为15 840元，5年能积累的储蓄只有79 200元，离10万元的创业梦想还有一定差距。

悦悦3月份的可控支出为1 363元，从支出明细来看，这部分支出主要用在了娱乐、商场购物、外出吃饭上。悦悦表示，她每个月的生活基本都差不多，每周要出去玩，或者吃饭、购物。在看到理财师整理的收入支出分类表后，悦悦才知道原来自己每月在这几项上的花费在总支出中占到了30%。

理财师告诉悦悦，这部分支出是可调节的，如果能从中节省300～500元用于投资，可以为未来的创业梦想做一定的资金准备。但悦悦说自己无法克制去消费的冲动，于是理财师教给了悦悦一套简单易行的方法：先投资，后消费。

理财师建议悦悦开设一个基金定投账户，而且将基金定投的日期设置为每个月工资发放日后的3～5天。比如，悦悦的工资发放日是每个月的4日，悦悦就可以将基金定投的日期设置为每月的7日或8日或9日。每个月的定投金额可以设置为300～500元。如果悦悦将定投金额设置为500元，定投日期设置为每月9日，一旦悦悦的工资4 500元发下来之后，在每月9日（遇到节假日会自动顺延到下一个工作日）银行会自动从工资卡中转移500元到悦悦的基金账户中进行投资。除非悦悦赎回该笔投资，否则这500元投资额是无法进行消费的。这样就帮助悦悦形成了良好的投资习惯，并降低了悦悦的每月可控支出。

基金定投的渠道很多，理财师给悦悦介绍了这样几个方式：

第一，拿工资卡和身份证去银行柜台请工作人员帮助开设基金账户。

第二，拿工资卡和身份证去银行柜台请工作人员开通网络银行。如果已经有开通的网络银行，可以直接在网络银行中根据各个银行的网络界面提示开通基金账户。

第三，如果已经有开通的网络银行，可以直接在基金公司的网站上开设基金账户。

第四，如果已经有开通的网络银行，可以直接在第三方基金购买平台开设基金账户。

理财师建议悦悦使用网银来购买基金，这可以降低购买基金的费用率。通常，使用网银购买基金的费率比在银行柜台办理的费率要低40%～60%。

在开设好基金账户后，悦悦需要做的就是选择一只基金来定投。究竟应该如何选择呢？理财师建议悦悦选择一只指数基金来投资。

Tips

什么是指数基金

要弄清楚什么是指数基金,先要弄清楚什么是指数。

指数是用来衡量市场上某一类股票涨跌幅度的指标。比如上证综指,是用来衡量上海证券交易所交易的所有股票涨跌幅度的指标;上证50指数,是用来衡量上海证券交易所中50只有代表性的股票涨跌幅度的指标。

指数基金就是跟踪这些指数来投资的基金。这些指数中有什么股票,基金经理就投资什么股票,而且每只股票上投资的资金比例与指数中各股票所占的比例相同。比如,上证50指数基金中有50只有代表性的股票,基金经理就将募集的资金投资到这50只股票上,每只股票投资多少钱是按其在指数中所占的比例而定的。由于基金经理只需要按50只股票进行投资,而不需要自己选股,所以收取的费用率也低。

一般来说,指数基金具有的优势如下:费用低、波动大、不受规模限制、在中国不容易出现暂停申赎的情况。指数基金之所以费用低,是因为基金经理不需要主动选股;波动大,是因为这类基金是跟踪指数上下波动的;不受规模限制,是因为无论多少资金进来,都不存在选不到好股票的问题,而其他股票型基金在规模变大之后,由于可选择的优秀股票有限,很容易出现业绩下滑的状况。另外,在中国一些股票型基金经常出现暂停申赎的情况。对于暂停申购,通常的原因是防止规模变大业绩下滑;而对于暂停赎回,通常的原因是某一事件导致业绩暴跌,基金公司为防止大面积赎回而采用的措施。很显然,遇到暂停申购或赎回的情况时,投资者无法申购到原来的定投份额或无法赎回投资的基金，这会影响到投资目标的实现或造成投资损失。对于指数基金则很少出现暂停申赎的情况，这有利于避免上述情况。

基金认购、申购和赎回

基金的购买方式有两类：一类是通过在一级市场上购买（一级市场指的是发行市场，即基金刚发行时去买），这种方式称为"认购"；另一类是通过在二级市场上购买（二级市场指的是交易市场，即基金发行完毕后去买），这种方式称为"申购"。认购和申购都可以通过直销渠道（基金管理公司）或代销渠道（银行、证券公司、第三方理财机构）进行。

认购和申购的时间都是在每个交易日的15:00之前。投资者认购基金时通常按1元/份进行认购，认购时要扣除一笔认购费，认购费用一般是1.2%。投资者申购基金时则是按照"未知价"原则进行申购，即申购基金时参照的基金单位净值为当日15:00后经过计算得出的单位净值。也就是说，申购时间早于单位净值计算时间。比如，昨日某基金的单位净值是1.2元/份，这个净值是在昨日15:00以后公布的，今日准备去申购这支基金，那么可以在今日的15:00之前下单申购，15:00之后公布今日的基金单位净值是1.25元/份，则投资者买入的基金是按1.25元/份计算的。投资者在申购基金时候也需要交纳一定的申购费用，申购费用一般是1.5%，通过网银购买一般是0.6%。

当投资者想从开放式基金中退出投资时，这种行为称为"赎回"，赎回费率一般是0.5%。赎回基金的资金到账期一般是5个交易日，如果是海外基金，则需要10个交易日的时间。

资料来源　陈玉罡.个人理财：理论、实务与案例[M].北京：北京大学出版社，2012.

经过理财师的讲解，悦悦感觉自己的理财知识一下子丰富了很多，于是悦悦立即用网银开通了基金账户。开通基金账户后，悦悦却又迷茫了。虽然理财师建议悦悦选择指数基金进行投资，但悦悦却看到有很多个基金公司都有指数基金，而且还有很多种类型的指数基金，悦悦还是不知道应该选择哪一只基金进行定投。

悦悦只能继续请教理财师。理财师告诉悦悦，指数基金分成完全复制型指数基金和增强型指数基金。顾名思义，完全复制型指数基金就是按指数中包含的股票完全复制投资。而增强型指数基金则是用一部分资金按指数包含的股票来投资，另一部分资金依靠基金经理选股来投资。对于增强型指数基金，其收益可能高于完全复制型指数基金，也可能低于完全复制型指数基金，取决于增强型指数基金的基金经理选股能力。理财师建议悦悦选择完全复制型指数基金。另外，根据指数基金跟踪的标的指数不同，有300指数系列基金、180指数系列基金、100指数系列基金、50指数系列基金等。选择指数基金时可以考察基金经理的跟踪误差、平均偏差、管理费率、托管费率等几个方面，具体比较参见表3-4。

经过对比，悦悦最终挑选了×××基金，每个月的7日开始投资，每个月定投500元。在这种情况下，悦悦每个月的可控支出就下降为853元，下降幅度大约占总支出的11%。也就是说，悦悦进行目前的投资只会使生活水平下降11%而已，不会严重影响到悦悦的生活质量。但这一投资却会给悦悦未来的创业目标添砖加瓦，打下一个基础。悦悦非常高兴地对理财师说："我终于有机会投资了！"

高兴了一会，悦悦问理财师："我是不是可以在5年后有10万元创业基金了？"

理财师笑着说："有这个可能，但可能性不大。"

悦悦不解地问："为什么？我不是已经开始投资了吗？"

理财师笑着回答："我们来简单算一个账。你现在每月投资500元，1年12个月，5年你一共投资的是500×12×5=30 000（元）。这3万元的投资要在5年内涨到10万元的难度很大哟，除非你遇到了2006—2007年那样的超级大牛市。"

表3-4 完全复制型指数基金的比较

基金简称	基金代码	基金成立日	托管费率(%)	管理费率(%)	跟踪误差(年化)(%)	净值增长率与比较基准收益率之差(%)
华夏沪深300ETF联接	000051	2009/07/10	0.1000	0.5000		1.2900
国泰上证180金融ETF联接	020021	2011/03/31	0.1000	0.5000	1.4100	1.2400
华安上证180ETF联接	040180	2009/09/29	0.1000	0.5000	1.6500	1.1900
大成深证成长40ETF联接	090012	2010/12/21	0.1000	0.5000	1.3800	0.6100
大成中证内地消费	090016	2011/11/08	0.1500	0.7500	1.0000	0.2000
富国上证综指ETF联接	100053	2011/01/30	0.1000	0.5000		2.4800
易方达深证100ETF联接	110019	2009/12/01	0.1000	0.5000	0.6690	0.3900
易方达创业板ETF联接	110026	2011/09/20	0.1000	0.5000	5.4435	0.6300
易方达深证100ETF	159901	2006/03/24	0.1000	0.5000	0.5491	0.3200
华夏中小板ETF	159902	2006/06/08	0.1000	0.5000		0.1400
广发中小板300ETF	159907	2011/06/03	0.1000	0.5000	0.5以内	−0.2300
鹏华深证民营ETF	159911	2011/09/02	0.1000	0.5000	0.2720	0.2000
南方中证500	160119	2009/09/25	0.1200	0.6000	0.3520	−0.5900
嘉实沪深300ETF联接	160706	2005/08/29	0.1000	0.5000		1.5100
嘉实基本面50	160716	2009/12/30	0.1800	1.0000		1.4700
融通深证100	161604	2003/09/30	0.2000	1.0000		−1.1800
广发中证500	162711	2009/11/26	0.1200	0.6000	1.1100	−0.1600
交银180治理ETF	510010	2009/09/25	0.1000	0.5000	0.0800	2.2000
建信上证社会责任ETF联接	530010	2010/05/28	0.1000	0.5000		1.3800

说明:更多指数基金比较可参见本书附录1和附录2。

悦悦沮丧地说："那我投资的钱可以赚多少呢?"

理财师安慰悦悦:"先别着急,还有其他办法,我先帮你看一下。你每月投资 500 元,分别按 5% 和 7% 的年均投资收益率计算,5 年后可以积累多少创业基金。你看,用我们的投资时针转盘一转,就能看到了。从转盘上的数字显示(图 3-1),如果年均投资收益率是 5% 的话,你的创业基金可达到 34 003 元;如果年均投资收益率是 7% 的话,你的创业基金可达到 35 796 元。不过,离你 10 万元的目标还很远哦。"

图 3-1　投资时针转盘图

悦悦着急地说:"那我怎么办呢?我有什么办法可以实现创业梦

想吗？"

理财师沉思了一下，对悦悦说："你的创业梦想有多强烈？如果让你再牺牲一下你目前的生活，你是否还能承受呢？"

悦悦想都没想就回答说："我还可以压缩我的开支。"

理财师对悦悦笑着说："不是光压缩开支就可以了。我先帮你算一下5年你要想积累10万元的话，每个月需要投资多少钱吧。你看，从我们的投资时针转盘来看，如果按5%的年均投资收益率测算，每月投资500元，你在5年内可积累34 003元的资金。现在你要积累10万元的资金，即34 000的2.94倍左右，那么你每月投资的金额也需要增加2.94倍，即1 470元。如果按7%的年均投资收益率测算，每月投资500元能在5年内积累35 796元，你要积累的10万元是35 796元的2.79倍，所以积累10万元每月需要的投资也增加2.79倍，即1 397元。你的每月可控支出是1 363元，将所有可控支出都压缩掉，还不太够呢。"

理财师顿了一顿，对悦悦说："你有年终奖吗？"

悦悦说："我们一般发13个月工资，多出的一个月相当于年终奖吧。"

理财师笑着对悦悦说："那就成了。如果你将年终奖的一部分用来投资，就可以实现目标了。你看，每年你相当于有4 500元的年终奖，投资5年的话，按7%的年均投资收益率计算，可积累下25 878元，加上你现在每个月投资500元积累的35 796元，一共可积累61 674元，离10万元还差38 326元。这部分资金可以通过每月再压缩开支535元拿来投资即可实现。"

悦悦一听理财师说能实现自己的梦想，高兴极了。理财师简单地总结了一下相关建议，对悦悦说："要实现你的创业梦想，需要积累10万元的创业基金。这10万元可以通过以下两个方式来积累：第一，每个月从工资卡中定投1 035元；第二，每年从年终奖中定投4 500元。需要注意的是，每个月你的可控支出要控制在300元左右，这会使你现在的生活质量受到一定影响。不过，如果你希望保持生活质量，可以通过努力工作获得奖励或通过兼职获得额外收入哦。"

　　"对了，说到额外收入，我还可以帮你再对额外收入做一个规划。"理财师喝了一口水，继续说道："刚才在做上述规划的时候，我们只是按你的固定收入来计算的。即使你没有兼职获得额外收入，有时候每个月的临时收入也可以算作额外收入。这部分额外收入既可以用来改善你的生活水平，也可以用做其他用途，比如做个保险规划或养老规划。"

　　悦悦一听"保险"两个字，当时就连连摇头，对理财师说："你是不是要向我推销保险呀？"

　　理财师笑了，对悦悦说："我只是给你建议，但最终的决定权在你。你的钱应该怎么配置，是你来决定的，但我会详细地告诉你每个建议的理由。我的工作不是推销保险，我的工作是给你建议，至于你采纳不采纳，还是你来决定呀，你愿意继续听吗？"

　　悦悦想了一下，说："有建议为什么不听？我先听下，如果好的话，我就考虑；如果不好的话，我就不考虑了。"

　　理财师微笑着继续对悦悦说："从理财规划的角度来看，我们一般会为客户做好四个基本规划：第一个基本规划是应急准备规划，也就是你万一出现意外情况（比如失业、生病）了，短期的生活费用资金从哪里来。第二个基本规划是长期保障规划，也就是如何保障未来的几十年，在遇到重大疾病或意外伤害等情况之下，医疗费用从哪里来。第三个基本规划是针对有子女的家庭。对于有子女的家庭，如何给孩子提供好的教育是每个家庭关心的问题。那么，教育费用从哪里来？第四个基本规划是针对每个人在退休后的养老生活。在辛辛苦苦地工作了几十年之后，你是希望过一个比较有质量的幸福退休生活？还是一个困窘如初的生活？这些是大家关心的基本问题。而这些问题如果妥善安排之后，心境会平和许多，不会像很多人那样焦虑不安，而这种平和的心境将给你的生活带来更多的幸福感。"

　　悦悦听了之后，笑了："我怎么感觉你像一个哲学家，而不像一个理财师啦。"

　　理财师笑着对悦悦说："其实，理财就是对人生的规划，并不仅仅是对财富的规划。财富最终是用来实现人生目标的,所以合理地规划财富就是积极地去实现自己的人生目标,有什么比心境平和、实现人生目标更幸福的呢?"

悦悦连连点头,说:"听你这么一说,我倒真希望自己可以过上这样的生活呀。你赶紧告诉我怎么做这些规划吧。"

理财师对悦悦说:"别着急,我们一个个来做。首先,我们来看看你的应急准备金需要多少。这个应急准备金一般是按照你的月必要支出的3~6倍来准备,也就是能让你应付意外情况下3~6个月的生活支出。从我们做的收入支出汇总表来看,你的月必要生活支出为3 180元,按3~6倍来计算,你需要准备应急资金9 540~19 080元。这部分资金要以流动性很强的存款或货币基金等形式来存储,以便在急需用钱的情况下能有钱可用。你看,你目前都没有存款,万一遇到要急用钱的时候,你怎么办呢?所以,你以后有额外收入的时候,别着急花掉,先用额外收入填补应急准备金的缺口,以备不时之需。以你目前的状况,可以先按3个月的应急准备金9 540元来准备。"

"接下来,我们来看第二个规划——长期保障规划。你现在进入职场,也还没有成家,所以没有太多的家庭负担和责任。但同时,你也需要自己为自己打算,因为目前你的生活来源就是你的工作收入。在你没有任何存款的情况下,假如你生病住院了,你哪来的医药费治疗呢?"

悦悦听到这里,皱了皱眉头,有点不高兴地对理财师说:"你在咒我呢,我才不会生病呢,而且我不是有社保吗?"

理财师微笑着对悦悦说:"我不是咒你。很多人都很忌讳说生病的事情,但真正可怕的不是生病,而是生病后没钱治疗。社保是可以帮你解决一部分问题。但是,你知道社保的使用流程吗?社保是需要你自己事先垫付医疗费,等治疗完毕后再拿发票去报销,而医院却会因为你事先垫付不了医疗费而拒绝治疗。也就是说,万一生病住院的话,需要首先有一笔钱能支付医疗费,然后再通过社保报销,而且社保不是100%报销。"

悦悦听了之后,惊讶地说:"啊,我还不知道这个流程,我以为只要生病了，住院费用可以用社保的钱来交呢？那我该怎么办呢？"

"很多人其实都没有想过这个问题，直到真的出现这种状况时才意识到原来很多事情与想象中不一样。疾病其实不可怕，可怕的是没有事先准备好应对措施。很多中国人不幸福的原因就是要存钱用来防病养老。由于老想着存钱来防病养老，而真的生病时要拿一生的积蓄去治疗，甚至倾家荡产，这又会对家庭产生重大的冲击。在这种没有保障的情况下，大家都缺乏安全感，所以觉得不幸福。其实，解决这个问题的方法很简单，就是自己购买商业保险。每年只需要花几千元保险费，却可以在遇到意外情况时不动摇家庭财务的根基，保持家庭经济状况的稳定。想想看，这个钱花得值不值呢？很多人的眼光老盯着保险要花多少钱，交的这些保险费有什么用途？但其实最重要的，就是每年花一点钱，得到了安全感。与其每年存钱来防病养老，不如每年交一些保险费来防病养老。很多家庭在真正遇到意外情况时在银行存的钱根本不够治病。但如果之前每年在保险上投资了一笔钱，即使没有交满保险费，保险公司也需要按保额来赔付。"

悦悦听理财师越说越起劲，朝理财师打趣说："我怎么越看你越像推销保险的？你这么一说，我还真觉得应该买保险了。"

理财师笑了："没办法。之前我国的保险行业被一些人做坏了，导致现在大家一听到"卖保险"几个字都觉得厌恶。不过，从我们理财师这个职业来说，我们要做的就是指导客户树立正确的理财观念，并确保客户能理解为什么要配置相应的产品（包括保险）。哈哈，听起来好像我在给你上课一样。"

悦悦也笑了："是呀，你就像一个老师。不过，我听你说了这么多，也觉得是那么一回事。如果我要买保险的话，我应该买什么保险呢？"

"主要可考虑购买重大疾病险、寿险、意外险三种。具体的保险产品我这里不具体介绍给你了，如果你需要，我可以找保险公司的代理人来介绍他们的产品。否则，你真的以为我是卖保险的了。"

悦悦听理财师这么一说，反而有点不好意思了，说："我和你开玩笑呢，别介意啊。我现在才真正明白你们理财师是做什么的。"

　　"我再教你计算一下你需要的保额和大致的保费支出。在购买保险时，一般保额按年收入的5～10倍计算，保费按年收入的10%～15%计算。比如，你的年收入约4 500×13=58 500（元），那么你的保额可设置为约58 500×5=292 500（元），即30万元左右。保险费用可控制在5 850元左右。由于你很年轻，在保费上也会便宜很多。对了，由于你是女性，所以建议你关注下保险公司给你推荐的产品中是否有特别针对女性疾病的，比如乳腺癌等。"

　　悦悦高兴地说："这下我明白了。我是不是只要和保险公司的代理人说，能否帮我按5 850元的保费配置30万元保额的重大疾病险、寿险、附加医疗险就可以了？"

　　"是的。你可以同时找几家保险公司的代理人一起咨询，然后对比各家公司的产品，优中选优。当然，每家公司的产品都有其特色，你可以根据你的喜好来选择。"

　　悦悦似乎对理财规划产生了重大的兴趣，继续追问理财师："长期保障这块我明白了，我这几天就去找保险公司的代理人，你还能给我讲讲其他规划吗？"

　　"你还没成家，子女教育就先不说了。我给你讲下如何做好养老规划吧。"

　　悦悦疑惑地问："是赡养父母的规划吗？"

　　理财师笑了："不是。很多人也与你有相同的想法，以为养老规划是赡养父母的规划。我们所说的养老规划是指为自己的养老生活做准备。"

　　悦悦瞪大了眼睛："我这么年轻，离退休还早得很呢，现在怎么做养老规划啊？"

　　"很多人都有你这样的想法，认为自己还很年轻，没有必要那么早开始准备。但实际上，从你工作开始，你就是在为自己的未来做准备，对吗？你之所以这么勤奋地工作，是因为你希望未来能过得更好。大家都在为未来而工作，只是有的人是为了近期的未来而准备，而有的人则为了更远的未来做准备。从理财的角度来说，越早为未来做好准备越容易。举个例子，假设你明年就要退休了，你今年才开始准备，你觉得你的压力大吗？我们可以来测算一下按你现在的生活水准，明年退休，并且退休后再生活30年的话，需要准备多少养老金。我们简单测算，不考虑生活费用的上涨，每个月你的必要支出是3 180元，那么30年需要的必要支出就是3 180×12×30=1 144 800（元），也就是说你退休后需要花费这么多钱。你有社保，我们现在还无法测算你退休后能根据社保拿到多少退休收入。假定社保的资金可提供你退休后一半的生活费，另一半的生活费用要靠自己来筹集，那么你也需要准备57万元退休金。按你目前的年收入58 500元来计算，不吃不喝也需要10年时间来筹集。何况你现在属于月光族，每年都没有收入留存，你觉得是不是应该从现在开始筹备呢？"

"那如果我退休后能从社保中拿到3 500元，我也就不用着急了啊！"

理财师笑着回答："哈哈，我来问你两个问题：第一，你觉得你现在每个月3 500元的生活过得如何？第二，你觉得你30年后退休时每个月的生活费用3 500元是否够呢？"

悦悦说："哦。我觉得一个月3 500元不够花啊。我现在才刚开始工作呢，住的房子也很一般，出去玩的时间也不是很多。你的第二个问题是不是想说30年后物价也上涨了？"

"对啊。你想想看，10年前你拿100元可以买什么？而现在100元能买到什么？10年前的3 500元应该可以过得比较好了吧，但现在你觉得好吗？"理财师接过悦悦的话说道。

悦悦的眉头又皱了一下，做了个鬼脸，说："这还让不让人活了？我现在挣的钱都不够现在花，哪还有钱养老啊？如果这样，那我的老年生活岂不是很悲催？"

"这就需要理财规划来帮忙了。其实，好好规划一下，这些烦恼的事情都会迎刃而解，生活也会变得更轻松，幸福感自然就增强了哦。"理财师说到这里，似乎对自己的职业充满了自豪感。

"看你神气的样子，我就这么点钱，你怎么让我满足这么多目标？我就不相信你能帮我变出钱来。"悦悦似乎在给理财师出难题。

　　"你可别误会啊，我要做的不是帮你变出钱来，而是指导你如何打理自己的财富，从而实现你的目标。你挣钱或赚钱最终的目的不都是实现目标吗？"理财师又开始教导悦悦了。

　　"好啦，好啦，赶紧告诉我怎么做吧。"悦悦着急了。

　　"其实也很简单，就是我之前教你的基金定投方法。"理财师笑呵呵地说。

　　"切，我还以为是什么秘密招数呢！"悦悦不以为然地说。

　　"别以为很简单，我问你，你应该每月定投多少钱才好呢？"理财师问道。

　　悦悦一翻白眼，说："我怎么知道呀，我要知道的话，我就是理财师了！"

　　理财师有点得意了，说："你看，还是需要我吧。我来帮你测算下，来看看我这个养老投资时针转盘。你现在是 23 岁，月生活费用 3 180 元，扣除 1 500 元的房租费用，你目前生活水平所需费用约为 1 680 元。转盘里的月生活费用都是整数，所以我们也用整数 1 700 来计算。这款神奇的女性养老投资时针转盘（图 3-2）可以帮你很快测算出来。我们先将你的年龄转到 23 岁这个位置，对应于 1 000 元月生活费用和年均投资收益率 7% 这个位置指示的月投资额是 649 元，用 649×1.7≈1 103 计算出的值就是你为养老需要投资的钱了。"

　　悦悦听了，惊讶地说："啊，我需要投资这么多钱才行吗？可是我的收入哪能拿出这么多钱进行投资呢？"

　　理财师笑了："不要着急。你可以从现在开始将额外收入节余下来的资金积累起来，每积累 1 103 元，就拿这笔钱在当月购买一次基金，这相当于固定金额的投资，形成这样一个习惯后，在你 5 年后有了更多收入时可增加投资金额。"

　　悦悦呼了一口气，似乎放松了很多，说："听你之前说每月要投资 1 103 元，我心就跳得很厉害。听你现在这样一说，我就放松了。这还是很容易做到的，就是把每次额外得到的钱留着，每到 1 103 元就拿来投资，对吧？"

图3-2　养老投资时针转盘

"对，就是这样！"

悦悦高兴地对理财师说："从你这里确实能学到不少东西啊，谢谢你的指点。我以后不会再做月光族了，我要做投资女神！哈哈！"

"上面给你说的这些，只是你初入职场的一个规划，帮助你摆脱月光的困境。过几年之后，你的收入会随着你工作经验的增长而增加，你的规划也需要进行相应的调整，比如出现新的理财目标、调整投资额度、调整保障额度等。我们会建议你每年来做一次财务检视，帮助你检查去年的规划是否得到了实施，效果如何，以及看看哪些目标需要调整。"

"那我每年只能来问你一次吗？"悦悦说。

"哦，不是。我说的是每年你可以来做一次常规的财务检视。而你遇到相关理财问题的时候，也可以随时过来找我。我很乐意用我的专业知识帮你解决问题，能够帮到你是我的荣幸！"

"再次谢谢你花了这么多时间帮我讲解这些，我差点把你当做推销员了。哈哈！"悦悦打趣道。

"怎么说呢，我觉得你说我是推销员也对，我推销的是理财的理念。毕竟，能真正理解理财理念的人还不多呢。我也希望更多的人能理解我们的理念，理解我们的工作价值！"

"你们的工作真是可以帮到很多人，如果我也想从事这样的工作，我该怎么做呢？"

"如果你对理财师这个职业感兴趣的话，可以去参加理财师的职业资格培训，拿到从业资格后才能从事这个职业。职业资格培训会教你很多关于理财方面的知识，这些知识都是实践性很强的学问。但是光靠培训学到的知识远远不够用，还需要自己在这个领域多钻研才能成为一个优秀的理财师。对了，理财师还分为助理理财规划师、理财规划师、高级理财规划师三个级别，需要经过三个阶段的学习和积累一定的工作经验后才能拿到高级理财师的认证资格。"

"理财师可以拿到多少收入呢？"悦悦好奇地问。

"其实任何职业获得的收入都取决于你的努力程度。理财师的收入应该在10万~100万元之间吧。香港最好的理财师一年可以拿到200万港元。"理财师笑着对悦悦说。

"哈，今天我才对理财师有了深入的了解啊，连我自己都想做理财师了，抢了你的饭碗别怪我啊！"悦悦打趣地说道。

"那怎么会呢？现在理财行业在中国才刚开始发展，人才缺口大着呢！"理财师笑着回应。

"这样啊，那我这就回去上网查一下怎么做理财师！回见了哦！拜拜！"悦悦带着一脸幸福的微笑，轻松地走出了理财师的办公室。

　　家庭内的矛盾有一半是因为感情出了问题，而另一半则是因为财务出了问题，而感情问题导致的家庭矛盾最终也将演变成财务问题，正所谓"成家容易管家难"。如果你正处于成家立业时期，想使幸福的家庭长久幸福，就来看看这一章。

家，不同的人有着不同的诠释。是温馨？是欢乐？是争端？是厌倦？还是幸福？托尔斯泰有句名言叫做"幸福的家庭总是相似的，不幸的家庭各有各的不幸"。不过，不管你相信不相信，家庭内的矛盾有一半是因为感情出了问题，而另一半则是因为财务出了问题，而感情问题导致的家庭矛盾最终也将演变成财务问题，正所谓"成家容易管家难"。

你成家了吗？如果答案是"是"，恭喜你，你终于知道什么是"家"了。这里有温馨浪漫，也有欢乐愉悦；这里有琐碎争执，也有厌烦倦怠。但最重要的是，这里有你想要的幸福感。

每个人都希望这种幸福感能长久保持下去，一生一世。但人的一生会面临许多意外，这些意外有让人惊喜的，也有让人悲哀的。正是这些意外，使得我们的生活泛起一丝丝涟漪，使得人生变得曲折不定。家庭可以承受一丝丝涟漪，但却很难承受一波波曲折。这意味着大多数的人都要经历"幸福的破坏"这一曲折过程。有的人可以将"幸福的破坏"这一环节事先消弭于无形，或早已想好了应对之策，从而可以安然度过；而有的人则在"幸福的破坏"这一考验中丢失了"幸福"。要将"幸福的破坏"对家庭的冲击波降至最低，就需要建立一个防火墙，在这种破坏来临时能抵御冲击。如果你正处于成家立业时期，想使幸福的家庭长久幸福，别忘记看看顾女士的故事。

顾女士，现28岁，与29岁的夏先生结婚后育有一子，刚刚满1周岁。顾女士从事财务工作，收入稳定，每月4 500元，年终奖5 000元；夏先生从事销售工作，每月收入差异较大，业绩好的月份收入可达20 000元，业绩差的月份只有底薪2 000元，一年下来收入大概有12万元，年终奖10 000元。顾女士所在公司提供社保，但夏先生的公司却没有为夏先生提供社保。顾女士平时花费较少，也不用应酬，每月生活支出为2 000元；夏先生的工作需要应酬，其生活支出每月约需4 000元；孩子出生后，每月孩子的生活费用约1 500元。两人没有买房，暂时租房居住，每月租金1 500元，每年会给父母赡养费约5 000元。这些年两人积累的存款为17万元。对于存款的用途，两人的意见发生了分歧。顾女士一门心思想着近几年贷款买一套80万元左右的房子,希望有一个稳定的家。但夏先生却觉得买房压力太大,买房后不得不缩减开支来还银行贷款,生活将受到限制。难以达成统一意见的他们经过朋友的介绍,希望在理财师这里得到帮助。

理财师:"您好!我有什么可以帮您的吗?"

顾女士:"您好!我和老公对买房还是不买房意见不统一。我想咨询下您,按照我们现在这种情况,买房好还是不买好呢?"

理财师:"我需要先对您的家庭财务状况进行一个分析,才能给您提供建议,能否请您先填写一下您的资产负债表和收入支出表呢?"

顾女士:"这么麻烦啊!您能不能直接告诉我买还是不买啊?"

理财师:"顾女士,不好意思,没有对你的家庭财务状况进行分析之前,我们是没有办法给您提供建议的。因为每个家庭都不一样,经济状况也不一样,所以不进行事先分析的话,很难针对您的家庭给出合理的建议啊。"

顾女士:"那我如果把我的财产情况都告诉了你,你泄露出去怎么办?"

理财师:"请放心。我们有我们的职业道德,对来咨询的客户,我们会严格为客户保守私密信息的。如果我们泄露了客户的信息,以后我们就很难在这个行业立足了。"

顾女士:"那我应该怎么填表呢?您说的什么资产负债表、收入支出表,我都不知道是什么,而且我一听到填表就头大。"

理财师:"呵呵,很多人都不喜欢填表的。不过,表格是搜集信息最好的方式。如果没有这些信息,我们理财师就像"无米可炊的巧妇"了。我们有一个软件,输入这些信息后,可以很快帮您分析您是否该买房。这样吧,我来教您一步步地来填写这些信息,信息的准确性对分析很重要。"

顾女士:"有你来教我就太好了,我就是嫌填表麻烦。"

理财师:"您看,第一步,我们先来填写您的基本信息,包括您和您

先生的姓名、年龄以及你们养育的子女个数。"（图4-1）

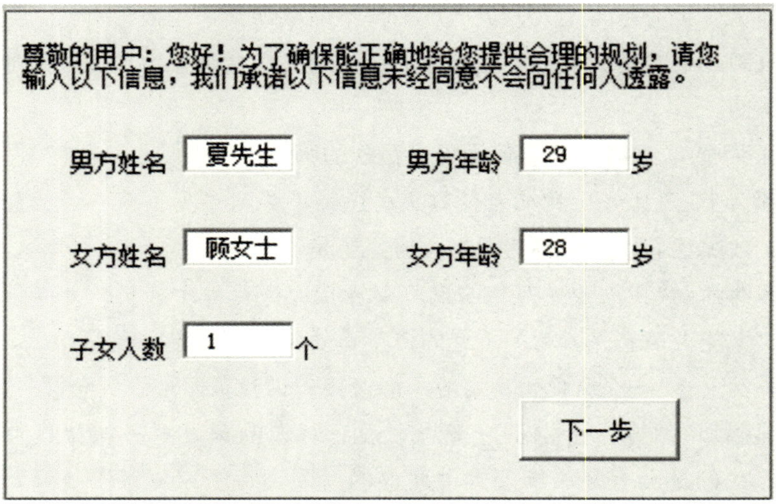

图4-1 填写个人基本信息

"第二步，我们来填写收入支出表。您先生的月收入不稳定，我们用年收入除以12来计算他的月收入。您先生的年收入是12万元，所以月均收入是10 000元。您的月收入稳定，每月为4 500元。你们现在没有房屋用来出租，所以房租月收入是0元。你们也没有进行其他投资，所以理财月收入也是0元。您先生的年奖金为10 000元，填写到'男方年奖金'中。您的年奖金为5 000元，填写到'女方年奖金'中。左边填写的是您家的收入情况，右边填写的是您家的支出情况。您先生的月生活支出为4 000元，您的月生活支出为2 000元，孩子的月生活支出为1 500元。你们现在还没有买房，可以在'月房屋租金支出'一栏填写1 500元，'月房贷还款支出'一栏填写0。目前你们没有做任何投资，所以投资月支出填0。你们也没有购买商业保险，所以"保险年支出"也填写0。你们给父母的赡养费5 000元可填入'其他年支出'这个栏目中。您先生没有社保，可以将社保旁边的钩去掉。您有社保，将钩打上。这样就填写完年度收入支出表了。"（图4-2）

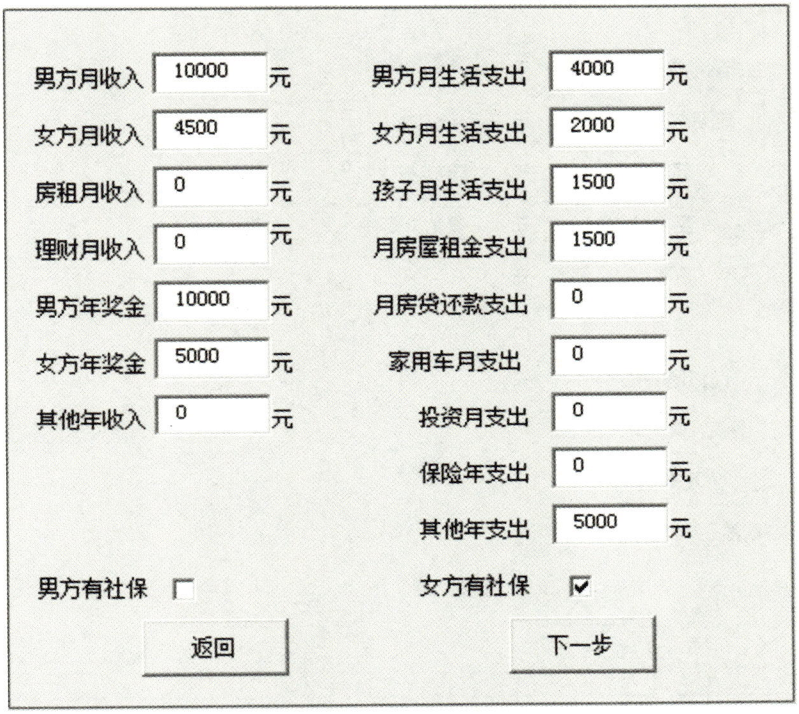

男方月收入	10000 元	男方月生活支出	4000 元
女方月收入	4500 元	女方月生活支出	2000 元
房租月收入	0 元	孩子月生活支出	1500 元
理财月收入	0 元	月房屋租金支出	1500 元
男方年奖金	10000 元	月房贷还款支出	0 元
女方年奖金	5000 元	家用车月支出	0 元
其他年收入	0 元	投资月支出	0 元
		保险年支出	0 元
		其他年支出	5000 元

男方有社保 ☐   女方有社保 ☑

返回   下一步

图4-2 填写收入支出表

"第三步，我们来填写资产负债表。您家现在的存款是17万元，都是活期存款，填写到'现金或活期存款'一栏里。其他各项都没有，采用默认的0值。这些表格填写起来不是很复杂吧。"（图4-3）

顾女士在理财师的指导下，很快就完成了收入支出表和资产负债表的填写。

理财师接着说："接下来，我们还需要对您的理财目标进行梳理，流程也很简单。虽然您现在是在为买房做准备，但您的财务资源不能全部投到房产上，因为您还要防范可能的风险。您买房需要贷款，如果没有提前防范可能的风险，在未来可能会出现捉襟见肘的困境。我们所做的规划就是希望帮助您综合考虑各个因素后再做适当的决策。"

顾女士点点头，说："就是要综合考虑。您开始吧。"

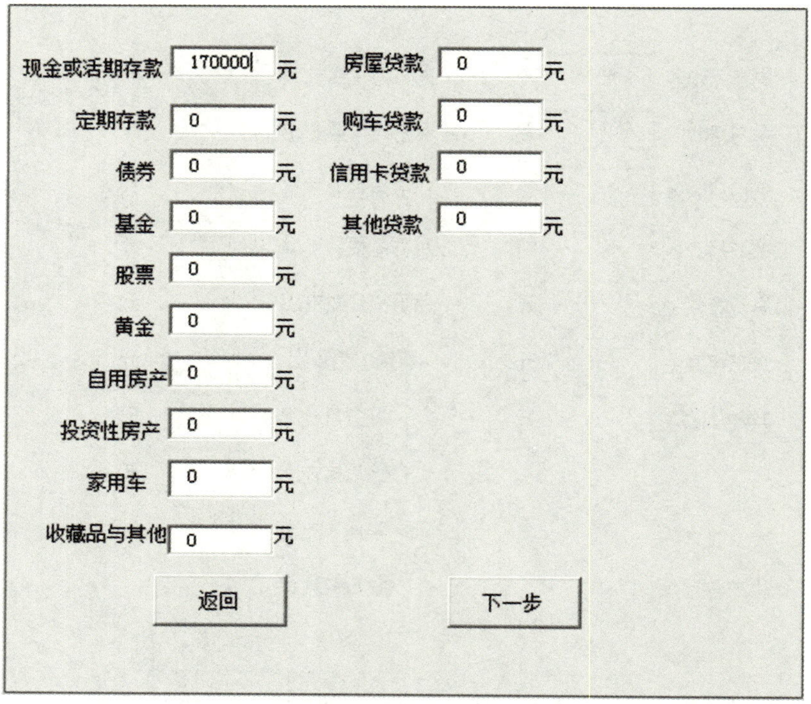

现金或活期存款	170000	元		房屋贷款	0	元
定期存款	0	元		购车贷款	0	元
债券	0	元		信用卡贷款	0	元
基金	0	元		其他贷款	0	元
股票	0	元				
黄金	0	元				
自用房产	0	元				
投资性房产	0	元				
家用车	0	元				
收藏品与其他	0	元				

返回　　　　　下一步

图4-3　填写资产负债表

理财师说："在做买房的决策前，我们先从应急准备、长期保障、子女教育、养老这四个基本规划开始。首先，来看看应急准备。应急准备是指您在遇到意外情况下需要储备的资金，一般需要准备3～6个月的生活费用作为应急资金。您希望设定几个月呢？"

顾女士："6个月吧，多准备点好吧。"

理财师："那在'您希望准备几个月的应急资金'中可以按默认的6个月来填写。接着，我们看看进行长期保障规划需要填写的资料。你们都没有购买商业保险，所以男方购买的保险保额和女方已购买的保险保额及年缴保费都填写默认的0元。您现在还没有买房，在'您尚未偿还的房贷'这一栏目填写默认的0元。房贷中男方负担的比例也采用默认的0元。对了，您对商业保险了解吗？"（图4-4）

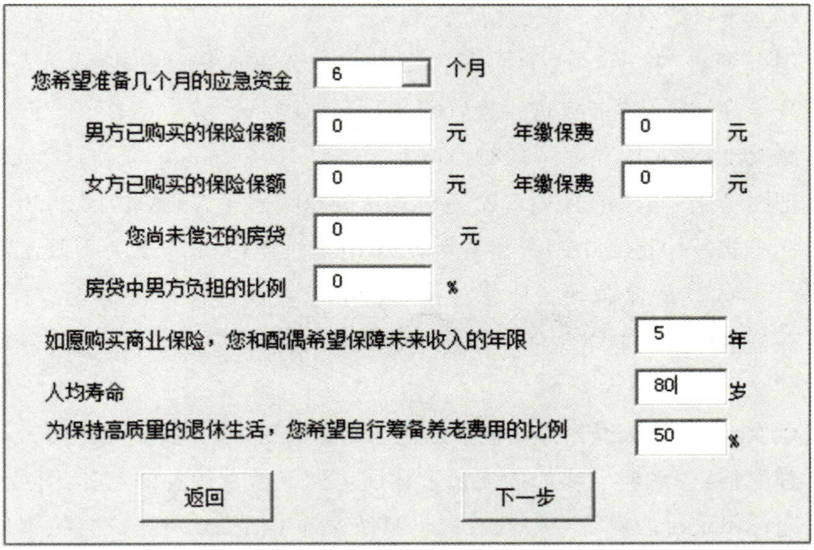

您希望准备几个月的应急资金	6	个月		
男方已购买的保险保额	0	元	年缴保费	0 元
女方已购买的保险保额	0	元	年缴保费	0 元
您尚未偿还的房贷	0	元		
房贷中男方负担的比例	0	%		

如愿购买商业保险，您和配偶希望保障未来收入的年限 　5　 年

人均寿命 　80　 岁

为保持高质量的退休生活，您希望自行筹备养老费用的比例 　50　 %

返回　　　下一步

图 4-4　理财目标梳理第一步

顾女士："不了解啊，我从来不买保险，要不您解释给我听吧。"

理财师："在理财规划中，商业保险占有比较重要的位置，类似于防火墙的功能。您有社会保险，可以得到基本的保障，但您先生没有社会保险，缺乏基本的保障。而在你们家，您先生的收入比您的收入要高很多，他承担着家庭经济支柱的功能。万一，我是说万一啊，万一遇到意外，您先生一时没有了收入来源，您是不是会觉得生活一下子变得很艰难呢？您看，您家每月的生活支出加上房租就 9 000 元了，您一人的收入根本负担不了您家的所有开支。"

顾女士："您这么一说，还真是，我之前都没有想过这个问题，那我应该怎么办呢？"

理财师："您可以通过商业保险来补充长期保障。这里主要看在意外情况出现时，您希望保障多少年的收入。当然，每个人都希望保障更多年的收入，最好未来不用工作了，呵呵。但是，希望保障的收入年份越长，保额越大，那么交纳的保险费也就会越多。"

顾女士："我就按一般的情况来做吧。"

理财师："按照一般的原则，可以将收入保障的年限设置为 5～10 年，我给你按默认的 5 年进行设置吧。"

顾女士："人均寿命只有 80 岁吗？"

理财师："实际的人均寿命还没有达到 80 岁。《"健康中国 2020"战略研究报告》中提到中国人均寿命在 2020 年有望达到 77 岁。我帮你调成 80 岁了。人均寿命越长，所需要准备的养老金也越多。虽然您有社保，可以保证退休后的基本生活，但您是否希望在退休后过上高质量的退休生活呢？"

顾女士："怎么说呢？我也不知道什么是高质量的退休生活呀。"

理财师："您看，我们的父辈退休后仍然保留着简朴的退休生活，这可能与社保支付的保险金较低有关。但是这种生活质量并不高，特别是精神层面的生活缺乏。您想不想退休后仍然有一群朋友可以在一起喝喝茶、吃吃饭、聊聊天，甚至可以去旅游，完成工作时没有实现的梦想，使得每天的生活充满了欢乐呢？要做到这些，就需要有比较好的财力得以支撑。而要有这样的财力并不困难，只要早期多做准备，到晚年的时候就可积累充裕的资金享受高质量的退休生活了。"

顾女士："让你说得我已经在憧憬退休后的生活了，呵呵。那我该怎么做？"

理财师："软件会根据您现在的生活费用，测算未来您退休后所需要的生活费用。社保会支付其中的一部分，而另一部分用来提高生活质量的费用需要您自己筹备。一般情况下，我们默认按您现在生活水平所计算的未来生活费用中的 50% 可以由社保来满足，而另外 50% 就需要您自行准备。当然，如果您还需要退休后过更好的生活，可以在您实现了买房、完成了子女教育等目标后，有了更宽裕的资金再来做新的规划。所以，这里我还是按默认您自行筹备 50% 的费用来测算吧。"

顾女士："好的。接下来还要填写什么？"

理财师："接下来，我们来看看子女教育方面。您的孩子刚满 1 周岁，我们在这个表里的'长子（女）年龄'栏目中填写'1'岁。请问您希望为孩子准备多少教育金呢？"

顾女士："30万元吧，给他读大学用。"

理财师："那我们在'希望为长子（女）准备的教育金为'这个栏目中填写300 000元，在'准备孩子几岁时动用教育金'这个栏目中填写18岁。其他的栏目都用默认的0值。我们可以点击'下一步'这个按钮了。"（图4-5）

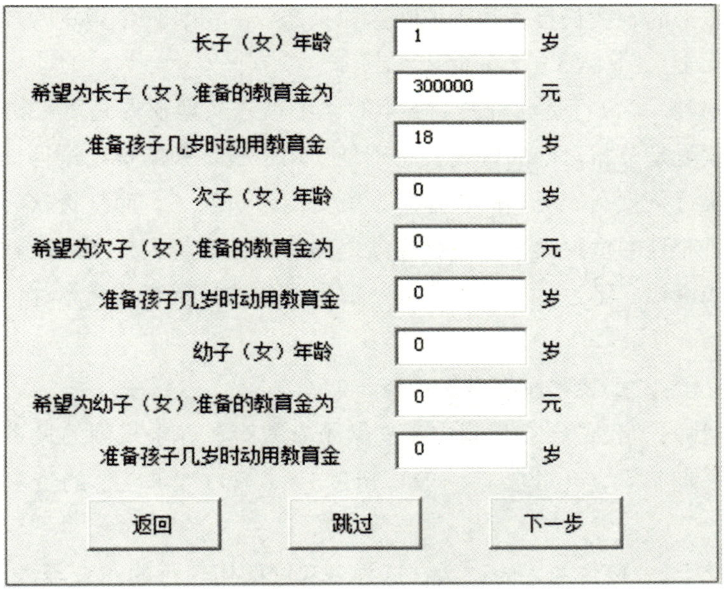

长子（女）年龄	1	岁
希望为长子（女）准备的教育金为	300000	元
准备孩子几岁时动用教育金	18	岁
次子（女）年龄	0	岁
希望为次子（女）准备的教育金为	0	元
准备孩子几岁时动用教育金	0	岁
幼子（女）年龄	0	岁
希望为幼子（女）准备的教育金为	0	元
准备孩子几岁时动用教育金	0	岁

[返回]　　[跳过]　　[下一步]

图4-5 理财目标梳理第二步

顾女士："这挺简单的呀，下一步还要做什么？"

理财师："接下来就是您的买房目标了，您希望1年左右能购房对吗？"

顾女士："是的，我来找您就是为了这事啊。"

理财师："那您有想好买多大的房子吗？"

顾女士："我想买一个90平方米左右的房子，至少2室1厅吧，如果有3室1厅就更好了，其中1室可以给宝宝用作玩乐室。"

理财师："呵呵，您只需要告诉我 90 平方米就可以了，这样我可以帮您测算您的目标房价。"

顾女士："什么是目标房价？"

理财师："就是按您的家庭财务状况分析结果，看看您适合买什么价位的房子。"

顾女士："那我适合买多少价位的房子呢？"

理财师微笑着说："您先别着急，等我们把这些表填写完之后，就会自动算出来的，我们接着往下填吧。如果您要买房，您希望贷款多少年？"

顾女士："贷款 5 年行不行？"

理财师："银行是允许贷款 5 年的。不过，从理财的角度来讲，利用银行贷款就是节省自己的资金。特别是当用节省下来的资金进行投资，能获得比银行贷款利率更高的收益时，就更应该贷款了，而且贷款的时间越长，您所赚到的理财收入与贷款还款之间的差额就越大，实际上就是在用银行的钱赚钱。不过，一定要记住，前提是您的投资收益能超过银行贷款利率。"

顾女士："那我都没有做过投资，怎么办呢？"

理财师："我们会在规划中帮您做子女教育、养老规划的投资，这些投资从长期来看，年收益率一般可超过 7%，现在 5 年以上的贷款利率是 6.55%。"

顾女士："按您刚才的说法，这样做我就能用银行的钱来赚钱了？"

理财师："如果年收益率超过 6.55%，您就是在用银行的钱来赚钱，而且，您还用银行的钱买到了房子。"

顾女士："那我还是要还银行贷款啊！我老公说买房后就成了房奴了！他不想当房奴。"

理财师："所谓的房奴，是指那些不会运用家庭资金的人。有的人从银行贷款买了房，结果在银行还有一大堆存款，存款的收益率肯定比贷款要低啊，所以他们就注定为银行打工，成了房奴了。"

顾女士："听您这么一说，我太高兴了，我也用这个来说服我老公，他老想着不贷款买房。但现在房价这么高,不贷款怎么买得了呢?而且,房价涨这么快,现在不买等攒够了钱想买的时候,一看房价又涨上去了,还是买不起。"

理财师:"这个就是观念的问题。其实,换个角度思考问题的话,就是一片新的天地。观念决定财富,您说对吗?"

顾女士:"太对了。真谢谢您!没想到能从您这学到这么多东西。"

理财师:"您过奖了,我只是将我所知道的知识和您分享一下。根据您目前的财务状况,我建议您选择贷款30年。如果您的家庭未来财务状况更加宽裕,又不再希望背负银行贷款,还可以提前还款。"

顾女士:"能贷50年吗?我现在觉得贷款越长越好,反正是用银行的钱啊。"

理财师:"您的丈夫接近30岁了,按退休年龄60岁来计算的话,他最多也就能贷款30年。因为退休后,他没有工作收入来还款了。"

顾女士:"哦。明白了。原来还要看这个啊!那我越早买房,就能贷款贷得越久?"

理财师:"是的。不过,需要您先筹备了首付款才能买得起呀。另外,银行还会根据您的收入状况来评估能贷给您多少金额的款项。接下来,我们还需要填写几个参数。一个是收入成长率,默认设定为10%,即您的年收入每年增长10%。另一个参数是贷款成数,默认设定为70%,即您买房时需要贷款的比例。如果是第一套房,这个比例一般设定为70%,即"首付三成,贷款七成"。第三个参数是房屋贷款利率,按现在的银行贷款利率来计算。这里有4个选项:'商业贷款5年以上'、'商业贷款3~5(含)年'、'公积金贷款5年以上'、'公积金贷款3~5(含)年'。由于您选择30年贷款,所以我们这里设定的贷款利率是'商业贷款5年以上,6.55%'[①]。"(图4-6)

---

① 2012年7月修订的利率。

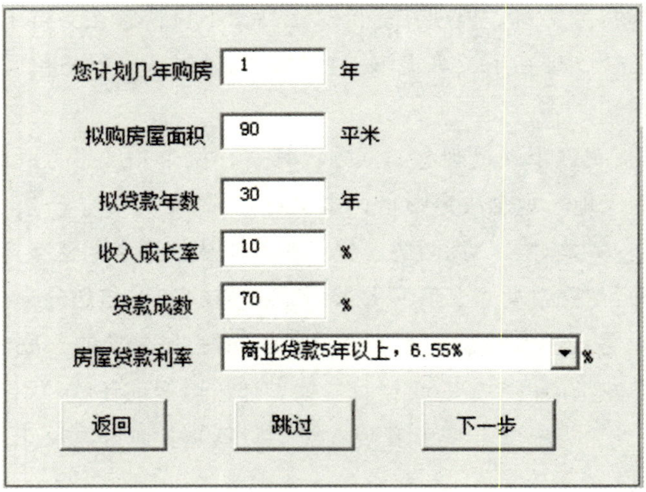

图 4-6　理财目标梳理第三步

顾女士："这些参数有什么用？"

理财师："这些参数帮助我们计算您可以筹备的首付款和您买房时能负担的贷款额。"

顾女士："这些参数可修改吗？"

理财师："除银行贷款利率是按现行利率在系统中设定外，其他选项都可以根据您的实际情况修改。"

顾女士："那我有这个软件是不是可以自己做理财规划了？"

理财师："是的，你有这个软件就可以自己给自己做规划了。"

顾女士："那你们理财师不是要失业了？"

理财师："呵呵。这个软件是帮您做基本规划用的，但每个家庭的财务状况和面临的问题都是多样化的。除了借助软件进行基本测算外，理财师还会根据您家庭的特殊情况进行分析，这样给出的建议才是有针对性的。就好像我刚才和您说的一些知识一样，有些是我学习到的专业知识，有些是我在工作中积累的经验，这些都是软件无法替代的。就好像换一个理财师来跟您说这些，可能说的东西就会不一样。您最好找像我这样有专业知识的理财师，您就能比较容易明白为什么要这么做。哈哈，王婆卖瓜，自卖自夸啊！"

顾女士："你还真教了我不少东西，特别是观念，看来找你是找对了人了啊！"

理财师："您的领悟力也挺强的，一点就通。我们继续做完下一步，就可以看到结果了。"

顾女士："就差最后一步了吗？那赶紧吧！"

理财师："最后一步是设定整个规划中需要用到的参数。一个是与我们生活密切相关的通货膨胀率，就是您经常听到的CPI指标，这个指标我们一般按3%设定。"

顾女士："为什么要按3%设定？"

理财师："您的这个问题问得非常好。将通货膨胀率（也就是CPI）控制在3%以内是目前中国宏观经济调控所设定的一个目标，尽管有些年CPI远远超过了3%，甚至超过了6%，但从长期来看，CPI是围绕3%上下波动的。一旦超过3%，政府就会采用紧缩的政策来使CPI调回到3%。"

顾女士："那如果低于3%呢？"

理财师："如果低于3%，说明通货膨胀并不严重，这时政府关注的目标主要是经济增长。如果您关注经济新闻，您应该经常会听到说中国的经济增长率要'保八'。"

顾女士："虽然我不懂经济，但我也确实听到政府老说'保八'什么的，是什么意思呢？"

理财师："'保八'的意思就是让中国的经济增长率保持在8%或以上。您看，我们接下来要设置的一个参数就是年均投资收益率这个参数。这个参数与我们国家的经济增长率密切相关。只有当一个国家的经济增长了，您投资到这个国家的企业的钱才有可能增长，对吗？因为这个国家的财富最终是由企业等创造的。一个国家有代表性的企业一般都会上市。这些有代表性的企业所创造的财富增长率平均来看比一个国家的要高，因为它们代表的是比较优秀的企业。而您做投资的话，一般也是将钱投资到这些有代表性的企业中。所以，我们按一个国家的经济增长率来设置您的年均投资收益率。"

顾女士："那应该是8%，怎么会是7%呢？"

理财师："您真聪明，注意到了这点。在过去的十多年当中，我们国家一直保持着较高的经济增长率，但这种增长是以耗费资源和破坏环境为代价实现的，所以，现在我们国家将经济增长的目标从8%降低到了7%，并且希望能构建'幸福'社会，不再盲目追求经济增长了。我们这里的年均投资收益率也就相应地设置为7%了。"（图4-7）

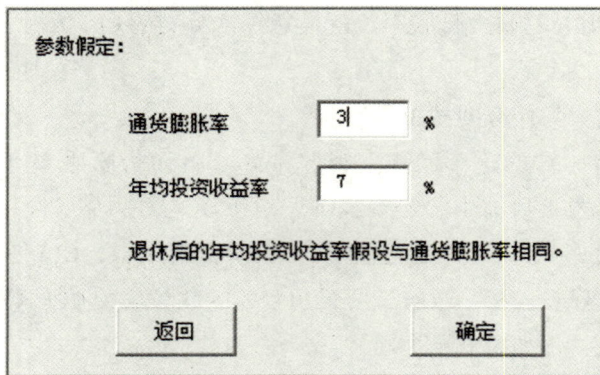

图4-7　系统参数设定

顾女士："原来是这样，我又学到了一点哦。"

理财师："年均投资收益率这个比例并非一成不变的，还可以根据您的风险偏好进行设置。比如，您如果觉得投资股票或股票基金风险太大，有可能亏损，那么您可以投资收益比较稳定的债券或债券基金。而投资债券或债券基金的收益率可以按4%～5%计算，您也就可以将年均投资收益率设置为4%或5%了。当然，从长期投资的角度来看，我们会建议您投资指数基金，而投资指数基金的年均投资收益率可按6%～8%计算。"

顾女士："我对您说的什么债券基金和指数基金完全没有概念，您能告诉我一下吗？"

理财师："这可以看作是两类投资理财产品，是帮您实现理财规划必须了解的两类产品。债券基金的本质是将您的资金交给基金公司的基金经理帮您投资，基金经理会把您要投资的资金投向债券，获得收益后扣除一定的费用，将收益和本金返还给您。由于债券基金投资的标的是债券，所以收益比较稳定。同理，股票基金是……"

顾女士抢着说："我明白了。股票基金就是投资股票的基金，是拿我的钱去帮我投资股票，对吗？"

理财师："对的。由于是投资股票，所以风险较大，但收益也可能很高。"

顾女士："那什么是指数基金呢？"

理财师："指数是从股票市场上选取一些有代表性的股票，组成一个股票篮子，然后用这个股票篮子里的所有股票以及投资在上面的金额计算出一个加权平均数，用来反映这个股票篮子的投资状况。如果股票篮子里的股票整体都上涨，那么指数也会上涨；相反，如果整体下跌，指数也会下跌。指数基金就是按这个股票篮子里的所有股票来投资，投资到每只股票上的资金比例也按照这个股票篮子里各个股票的资金比例来分配。指数如果上涨，指数基金也会上涨。跟踪得好的话，指数基金上涨的幅度和指数上涨的幅度应该完全一致。由于指数基金最终投资的标的仍然是股票，所以指数基金的风险和收益也比较大。但从长期来看，投资指数基金的年均投资收益率约为6%～8%。"

顾女士："会亏损吗？"

理财师："由于指数基金投资的是股票，所以也有亏损的时候，特别是在市场低迷、经济不景气的时候会出现亏损，但也正是在这个时候，是投资的最佳时机。因为这个时候的股票会变得很便宜，拿同样的钱能买到更多份额的基金，给您举个例子您就明白了。比如您现在有1万元，如果某只指数基金是2元/份，您只能买到5 000份（不考虑手续费）。在市场不好的情况下，基金下跌到1元/份，这时您的1万元就可以买到1万份了。而当未来市场好转、基金上涨时，您的份额越多，您获得的收益也就越多，所以在市场低迷的情况下通过定期定投来积累份额，等到市场好转的时候就能获得丰厚的收益。当然，在市场低迷的情况下，您不能指望您的投资在最初就能赚钱，很有可能要经过3～5年经济走出低迷时期您才能看到您之前积累的份额所带来的效果。所以，这种投资适合用于长期规划，比如子女教育、养老等。"

顾女士："您的意思就是长期投资可以选择指数基金，对吧？"

理财师："是的，我建议长期投资选择指数基金。"

顾女士："我看到这个表格下面还有一句话'退休后的年均投资收益率假设与通货膨胀率相同'，是什么意思呢？"

理财师："您的观察力很不错呢。我们在做规划的时候，筹备资金的阶段都是在退休前完成，退休后要做的就是让资金保值而不是增值了。由于退休前您还有工作收入，所以承担风险的能力比退休后要高。退休后您没有工作收入，只有退休金收入了，这时您完全不能承担风险，所以在退休后您的资金最好还是以活期存款和定期存款搭配的方式存储。而银行存款收益率一般和通货膨胀率相当，也就是说刚好能使资金不贬值，放在银行的资金能随着物价的上涨而上涨。当然，这是理想情况下的假设，但从长期看也符合这个规律。当银行存款收益率低于通货膨胀率时，为缩小它们的差异，政府会采取调高银行存款收益率或抑制通货膨胀率的方法来使它们之间的差异变小。"

顾女士："为什么要这么设置呢？"

理财师："这样设置简化了计算，只需要知道您退休前的月均生活费用，直接用月均生活费用乘以退休后的生活总月数，就可以知道您退休时要准备多少费用了。"

顾女士："哦。您的意思就是如果我退休时的月生活费用是 5 000 元，退休后生活 25 年，那么我要准备的退休费用就是 5 000×25×12=150（万元）？"

理财师："对的。在年均投资收益率与退休后的通货膨胀率相同的情况下，我们就可以这样计算退休时要筹备的生活费用。"

顾女士："我理解了。输入完这些参数后，我们是不是可以直接看最终的结果了？"

理财师："呵呵，相信您已经急不可待地想知道结果了吧。我们来看看，现在我为您呈上您的建议书吧。"

理财建议书

掌管财富，
实现梦寐以求的人生！

敬呈尊贵的夏先生/顾女士

高级理财顾问

联系方式

设计日期

网址

一、家庭财务状况分析

资产负债表提供了您家庭财务资源的状况。

表1 **资产负债表**

资产	金额(元)	占比	负债	金额(元)	占比
现金和活期存款	170 000	100.00%	房屋贷款	0	0.00%
定期存款	0	0.00%	购车贷款	0	0.00%
债券	0	0.00%	信用卡贷款	0	0.00%
基金	0	0.00%	其他贷款	0	0.00%
股票	0	0.00%			
黄金	0	0.00%			
自用房产	0	0.00%			
投资性房产	0	0.00%			
家用车	0	0.00%			
收藏品和其他	0	0.00%			
资产总计	170 000	100.00%	负债总计	0	0.00%
家庭净资产	170 000	100.00%	负债/总资产	0	0.00%

从您的家庭资产负债表来看，您的家庭负债占资产的比重为0%，表明您的家庭财务很安全，风险评级为低风险。

您的家庭正处于家庭成长期。这一阶段里，家庭成员的年龄都在增长，最大开支是保健医疗费、学前教育、智力开发费用。同时，随着子女的自理能力增强，父母精力充沛，在积累了一定的工作经验和投资经验后，投资能力将大大增强。

收入支出表提供了您家庭每月的财务资源状况和每年的节余状况。

表2　　　　　　　　　　　　　收入支出表

月收入	金额（元）	占比	月支出	金额（元）	占比
男方月收入	10 000	68.97%	男方月生活支出	4 000	44.44%
女方月收入	4 500	31.03%	女方月生活支出	2 000	22.22%
			孩子月生活支出	1 500	16.67%
房租收入	0	0.00%	月房租支出	1 500	16.67%
理财收入	0	0.00%	月房贷还款	0	0.00%
			月家用车支出	0	0.00%
男方年奖金	10 000		投资月支出	0	0.00%
女方年奖金	5 000		保险年支出	0	
其他年收入	0		其他年支出	5 000	
月收入总计	14 500	100.00%	月支出总计	9 000	100.00%
年收入总计	189 000		年支出总计	113 000	
月节余	5 500				
年节余(加回投资月支出)	76 000		留存比例		40.21%

从您的家庭目前收入支出情况来看，夫妻两人的月总收入为14 500元。其中，男方的月收入为10 000元，占比68.97%，女方的月收入为4 500元，占比31.03%。

从家庭收入构成可以看到，男方是家庭主要经济支柱。

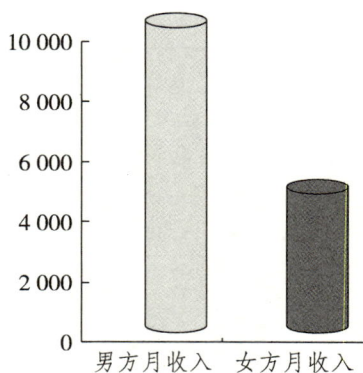

图1 家庭收入构成图(单位:元)

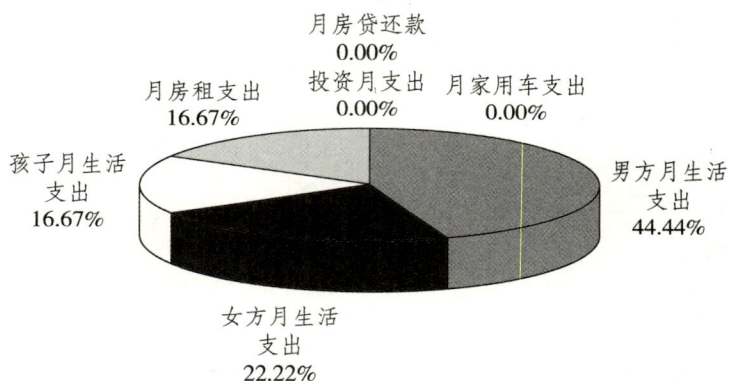

图2 家庭支出构成图

目前您的家庭月总支出为9 000元，其中，日常生活支出为7 500元，占比83.33%，月房贷还款支出为0元，占比0%。家庭日常生活支出占月收入比重为51.72%，超过了50%，表明您的家庭需要注意尽可能控制不必要的生活开支。

您的家庭月房贷还款占月收入的比重为0%，低于40%，表明您的家庭财务风险较低，处于较为安全的水平。

从年节余来看，您的家庭每年可节余76 000元，留存比例为40.21%，您的家庭储蓄能力较好。储蓄能力构成了未来财富增长的基础。

二、理财规划

一个完整的家庭财务规划包含应急准备、长期保障、子女教育、退休养老四个基本规划。只有在做好了这四个基本规划的基础上再进行房产规划、投资规划等才能使家庭财务有健康的根基。

1.应急准备规划

表3   **应急准备规划**

您家庭每月的生活费用	9 000元
您家庭每月需要偿还的房贷	0元
您希望准备几个月的应急资金	6个月
您应准备的应急资金合计为	54 000元

做好应急准备是应付家庭紧急情况的重要措施。对于您的家庭来说，需要准备54 000元作为应急资金。您可以将其中的50%以活期存款方式保留，另外50%以货币基金形式保留。

2.长期保障规划

表4   **长期保障规划**

男方信息		女方信息	
年收入	130 000元	年收入	59 000元
是否有社保	元	是否有社保	有
已购保险保额	0元	已购保险保额	0元
年缴保费	0元	年缴保费	0元
希望保障未来年限	5年		
不考虑房贷的情况下：			
保额缺口为	−650 000元	保额缺口为	−295 000元
您尚未偿还的房贷	0元		
负担的房贷比例	0%	负担的房贷比例	0%
考虑房贷的情况下：			
保额缺口为	−650 000元	保额缺口为	−295 000元

从表 4 中可以看到，夏先生的年收入为 13 万元，保障未来 5 年需要的保额为 65 万元。顾女士的年收入为 5.9 万元，保障未来 5 年需要的保额为 29.5 万元。建议夏先生配置 60 万元保额的商业保险，顾女士配置 30 万元保额的商业保险。夏先生的保费支出约为 13 000～19 500 元，顾女士的保费支出约为 5 900～8 850 元。由于夏先生和顾女士尚未买房，因此可以不考虑覆盖房贷需要的保额。商业保险以重大疾病险、寿险、意外险进行组合搭配。

3. 子女教育规划

表 5	子女教育规划
参数设定	
通货膨胀率	3%
年均投资收益率	7%
家庭基本信息	
您有子女	1 个
您的长子(女)年龄	1 岁
您希望为长子(女)准备的教育金	300 000 元
这笔教育金您准备长子(女)几岁时动用	18 岁
不考虑通胀您需要为长子(女)每月投资	769 元
考虑通胀您需要为长子(女)每月投资	1 271 元

您目前有一个孩子，您希望为他准备 30 万元的教育金，留给他 18 岁时动用。如果不考虑学费上涨的因素，则您每月需要为孩子投资 769 元，按 7% 的年均投资收益率，可以达成您储备教育金的理财目标。如果考虑学费按年通货膨胀率 3% 上涨的因素，那么实现这一理财目标，您需要每月为孩子投资 1 271 元。

您可以选择定投指数基金，也可以选择少儿教育险来为孩子储备教育金。指数基金的投资可参考下表。

表 6　被动型指数基金对比（2009年1月1日—2011年12月31日）

代码	名称	周回报	抗跌能力	选股能力	择时能力	综合诊断
510880.OF	华泰柏瑞红利ETF	B	B	C	A	★★★
510050.OF	华夏上证50ETF	D	D	D	A	★
519100.OF	长盛中证100	D	D	D	A	★
519180.OF	万家上证180	D	D	D	A	★
510180.OF	华安上证180ETF	C	C	C	B	★★★
160706.OF	嘉实沪深300	A	A	A	B	★★★★★
270010.OF	广发沪深300	C	C	B	C	★★★
050002.OF	博时裕富沪深300	B	B	B	C	★★★
020011.OF	国泰沪深300	B	B	B	C	★★★
519300.OF	大成沪深300	C	C	C	B	★★★
161604.OF	融通深证100	A	A	A	D	★★★★★
159901.OF	易方达深证100ETF	A	A	A	D	★★★★★
159902.OF	华夏中小板ETF	A	A	A	D	★★★★★

4.养老规划

表 7　　　　　　　　　　　　养老规划

家庭基本信息	
男方年龄	29岁
女方年龄	28岁
家庭每月生活费用	6 000元
参数设定	
通货膨胀率	3%
年均投资收益率	7%
人均寿命	80岁
养老规划信息	
男方退休时家庭每月的生活费用	15 000元
女方退休时家庭每月的生活费用	13 328元
男方还将继续工作的年份(以男方60岁退休计算)	31年
女方还将继续工作的年份(以女方55岁退休计算)	27年
您的家庭养老费用需要准备	3 998 320元
您打算自己筹备其中的	50%
为准备这笔养老费用,您可以每月通过定期投资的方式进行储备,每月定投金额为	2 089元

社保是最基础的保障，能够保障您在退休后有基本的生活费用。但如

果您希望未来的退休生活有较高的质量，则需要未雨绸缪，提前做好上述退休准备。您家庭目前生活所需的费用为6 000元，按寿命80岁来计算，退休时需要筹备的养老费用为3 998 320元。如果其中的50%可以依靠社会保险支付的养老金满足，另外50%需要自行筹备的话，您的家庭可以每月投资2 089元用于储备养老金。您可以通过定投基金或购买投连险的方式来进行上述投资储备充足的养老费用。

5.房产规划

您设定的买房期限为1年，您希望购买90平方米左右的房子。根据收入支出表的测算，您家庭目前的年收入为18.9万元，留存比例为40.21%，加上您资产负债表中的可投资资产17万元，您可筹备的首付款为25.11万元。您可负担的月还款额为7 626元。由于买房需要首付三成，按您1年内能筹备的首付款25.11万元占三成计算，您还可贷款59万元，购买总价84万元左右、单价9 300元/平方米的房子。

表8 房产规划

家庭基本信息	
您希望未来实现购房的年限为	1年
您打算购买的房屋面积为	90平方米
目前您的年收入为	189 000元
年收入的留存比例为	40.21%
您的可投资资产有	170 000元
您打算贷款	30年
参数设定	
年均投资收益率	7%
收入成长率	10%
贷款利率	6.55%
房产规划信息	
您可筹备的首付款	251 100元
买房当年您的收入将达到	207 900元
您可负担的月还款额	7 626元
您可负担的房屋贷款额	585 900元
您可负担的买房总价	837 000元
您可负担的买房单价	9 300元
您的房屋贷款占总房价的比重	70%

上述房产规划是未考虑长期保障、子女教育、养老规划的基础上做出的。如果先做好长期保障、子女教育、养老规划，再进行房产规划的话，则每月可偿还的房贷额将减少至 4 236 元。这种情况下，您的家庭可贷款 51 万元，加上首付款 21 万元，您可负担的买房总价为 72 万元，买房单价为 8 000 元/平方米，见下表。

表9　　　　　　　　　　**做好基本规划后的房产规划**

做好应急准备、长期保障、子女教育、退休养老四个基本规划后，您每月节余为	1 057 元
规划后的留存比例	19.48 %
重新测算的结果变更为：	
您可筹备的首付款	211 918 元
买房当年您的收入将达到	207 900 元
您可负担的月还款额	4 236 元
您可负担的房屋贷款额	510 341 元
您可负担的买房总价	722 259 元
您可负担的买房单价	8 025 元
您的房屋贷款占总房价的比重	70 %

本次规划是根据您目前的财务状况做出的，建议您每年重新检视您的财务状况，并适当调整规划，以使您尽快掌管财富，达成财务自由！

理财师："您看，您的理财建议书已经打印出来了。从理财建议书来看，您今年购买房价在 8 000 元/平方米以内的房子不仅不会影响到您和夏先生的日常生活，还能同时做好其他的规划呢！"

顾女士："我看不太懂这份理财建议书，看来又得麻烦您解释了。"

理财师："我先跟您讲解一下这份理财建议书的大致思路吧。这份理财建议书主要分成两个部分，第一个部分是对您的家庭财务进行诊断分析，第二个部分是对您的家庭财务进行规划。"

顾女士："哦，是有套路的啊！"

理财师："是的，先进行分析，然后再进行规划。分析又包括两个部分：一个是对家庭资产负债进行分析，实际上就是分析您家庭现有的资金存量；另一个是对家庭收入支出进行分析，这个是分析您家庭的资金流量。"

顾女士："对哦，这样我就能知道我家到底有多少钱了。"

理财师："资产负债的分析不仅能了解到您的家庭有多少资产，还能分析出您的资产结构，也就是您的资产都是以什么形式保留的。我们来看下理财建议书。您看，您的资产负债表显示您的资产都是存款，占100%，而资产负债表里其他的项目都是0，说明您家庭的资产单一，没有进行合理的配置。"

顾女士："我都不知道资产还有这么多形式呢！"

理财师："您现在准备买房，实际上就是将资产从存款的形式转变为房产的形式。当然，在转变过程中由于存款与房产金额不对等，所以还需要利用负债才能完成转变。"

顾女士："我一直觉得存款最保险，不会亏损，所以钱都存银行了。"

理财师："很多人都认为存银行是没有风险的，但是从专业的角度来看，存银行也是有风险的。风险在于银行的存款利率可能低于通货膨胀率。这意味着您现在存入银行的1万元在未来取出的时候，虽然有利息，但可能取出来的钱购买力却下降了。"

顾女士："我明白了，就像我现在老觉得钱不够用，去买菜的时候总感觉菜越来越贵，钱好像越来越不顶用了。"

理财师："对，就是这个道理。所以不能将全部资产以存款形式保留，而应适当地将存款转变成其他的资产形式。存款用来保值和应付应急需要，而另一部分资产则可以以生息资产的形式实现增值。"

顾女士："生息资产？是什么？"

理财师："生息资产，通俗地说，就是可带来收益的资产，也就是可生钱的资产，比如股票可以带来股息、投资性房产可以带来租金等。"

顾女士："哦，那您的意思就是要多持有生息高的资产？"

理财师："道理是这样，但在金融市场上要获得较高的生息，就需要承担较大的风险，风险与收益并存。不过，你们现在处于生命周期的前半段，所以是能够承受一定风险的。"

顾女士："亏损怎么办？"

理财师："如果从中短期来看，风险高的资产在中短期亏损的概率还是很高的，大部分人在做中短期投资时经常出现亏损。但如果从长期来看，比如子女教育、养老等，实现目标的概率会很高。"

顾女士："那我如果要用钱，但投资又亏损，怎么办呢？"

理财师："这就需要提前规划好。所以在后面的规划中会先规划出应急准备和长期保障这两个部分，然后才做其他规划。也就是说在做好了保障的前提下再进行投资，就可以在承担风险的情况下获得较高的收益了。"

顾女士："看来这都需要综合考虑啊。"

理财师："是的。规划是一个整体，不是单个个体，只做局部的规划容易出现顾此失彼的情况。"

顾女士："那收入支出表有什么用？"

理财师："收入支出表可以展示您一个月和一年的收入、支出、节余的情况。您看，从您家的收入支出表来看，您先生的月收入占家庭月收入的68.97%，您的月收入占家庭月收入的31.03%。显然，您先生是家庭的主要经济支柱。从您家的支出情况来看，您二位的生活费占了2/3，孩子的生活费占了 1/6，房租占了 1/6。"

顾女士："您这样一整理，我对我们家的支出情况还真的一下子清楚了，之前我总觉得钱不知道花哪里去了。"

理财师："您的支出比较简单，没有房贷，也没有家用车的支出，不足的是您也没有投资支出和保险支出，这也说明了您之前没有意识到理财的重要性。"

顾女士："是呀，以前我以为理财就是买股票，我又担心买股票会亏损，所以从来没认真考虑过理财的问题，幸好这次买房遇到了你，帮我普及了一下理财知识。"

理财师："理财可不像大多数人想象的那样简单。理财其实是一个全面盘点家庭财务、理顺理财目标、通过规划达成目标的过程。要做的并不是帮您选择股票进行投资，也不是忽悠您买保险，而是帮您更好地规划未来，实现人生的梦想。"

顾女士："我现在大致了解了，您继续帮我讲解规划吧？"

理财师："我是因为觉得这个职业能帮助到很多人，所以才投身到这个行业中。我们接着看收入支出表吧。从收入支出表来看，您家庭的月收入有 14 500 元，家庭的月支出需要 9 000 元，每月的节余为 5 500元。这个节余可看做您每月的流动资金，不过，我们更愿意将其看作可投资资金。您未来的财富规划就需要靠这些节余资金。您家的收入除了月工资收入外，还有年底的奖金收入，加在一起后，您家全年的收入有189 000 元。扣除 12 个月的月支出以及每年给父母的赡养费 5 000 元，您家庭的年节余为 76 000 元，这部分节余占年总收入的比例为 40.21%，我们把这个叫做留存比例。您家庭的留存比例比较高，说明您家庭的储蓄能力较强，只要做好合理的理财规划，您的财富将能更好地帮助您实现梦想！"

顾女士："这上面写着'家庭日常支出占月收入比重为 51.72%，超过了 50%，表明您的家庭需要注意尽可能控制不必要的生活开支'，这是什么意思呢？"

理财师："这是从您的每月收入支出情况来看的，您的月生活支出是7 500元（不含房租），占月收入145 00元的51.72%，说明您的月收入中有一半以上用于生活费用了。一般月收入超过1万元后，生活费用占月收入的比重超过一半以上，就可能存在一些不必要的生活开支。当然，这还需要根据每个家庭的具体情况进行分析。"

顾女士："您说得对啊！除了孩子的费用外，我总觉得我们俩经常花掉一些不该花的钱了。"

理财师："您也不必特别在意，因为你们的花费只超过50%一点点，稍微缩减一些不必要的消费就可以降低这个比例了。"

顾女士："您这样一说，我就可以说服老公了，老公担心买房后就要降低生活水平呢！"

理财师："这个是你们买房前的生活标准，具体情况还要看规划。我们现在可以来看下您的家庭财务规划了。首先，是应急准备规划。您家每月生活费用和房租费用加起来共9 000元，按6个月来准备的话，需要5.4万元作为应急资金。这部分资金可以50%存入银行，50%用来购买货币基金。"

顾女士："存活期还是定期？"

理财师："存活期。"

顾女士："货币基金是什么？"

理财师："货币基金与股票基金有差异。这类基金投资的是一些短期的金融工具，其收益率不高，但不会亏损。一般情况下货币基金的收益率比银行活期存款利率高一点，。而且买卖的时候没有手续费，随时可以买，如果要赎回，最迟2个工作日到账。"

顾女士："不会亏损呀，那这种基金太好了。"

理财师："这种基金的好处就是不会亏损，但其收益率也仅比活期存款利率高一点。在通货膨胀率较高的时期，这类基金的收益与存款一样无法超过通货膨胀率，存在购买力贬值的风险。"

顾女士："哦，看来没有十全十美的事情。"

理财师："那当然，高风险高收益，低风险低收益。我们再来看看第二个规划——长期保障规划吧。夏先生的年收入有 13 万元，您当时选择的是保障未来 5 年的收入，所以夏先生的保额可设置为 65 万元。您的年收入是 5.9 万元，所以您的保额可设置为 29.5 万元。夏先生没有社会保险，这相当于完全没有长期保障。而夏先生又是家庭的主要经济支柱，在家庭经济支柱缺乏长期保障的情况下，使得家庭财务可能面临巨大的风险。"

顾女士："风险在哪里呢？"

理财师："您这个问题问得真好。很多人缺乏风险意识，认为现在一帆风顺，不会遇到什么问题，但有一句俗语叫'天有不测风云'，谁也不知道未来会怎样。其实，您可以想想，如果您的老公万一失业了，依靠您的收入能维持家庭的生活开支吗？"

顾女士："我算一下看看。我们的家庭月支出是 9 000 元，我的月收入才 4 500 元，没有他我真是不行啊。"

理财师："这就是家庭经济支柱的作用。就像房子一样，如果主要的支柱倒了，那么房子也就塌了。"

顾女士："那我要怎么做才好呢？"

理财师："其实很简单，就是为他做好一个保障，从而构筑一个防火墙。我们无法保障一个人不生病、不出意外，但我们可以保障在一个人生病或遭遇意外的情况下，家庭财务仍能保持稳健，家庭仍有收入来源帮助我们渡过一些难关。"

顾女士："哦，我明白了。您的意思就是帮我老公买了 65 万元的保险后，如果遇到一些意外，我们可以用这 65 万元来度过 5 年时间，至少这 5 年我们不会因为没钱而穷困潦倒？"

理财师："是的，保险实际上是保障家人的一种方式，也是家庭责任的体现。"

顾女士："那我可不可以给我老公多买一点？这样我得到的保障是不是就更多呢？"

理财师："是的。但是，您设置的保额越高，保费交得也越多，一般我们建议将保费控制在年收入的10%。按夏先生的年收入计算，保费可控制在13 000～19 500元。按您的年收入计算，您的保费可控制在5 900～8 850元。"

顾女士："那我给我自己多买一点，可以吗？"

理财师："保险主要保障的是家人，并不是保障自己。您给您自己多买一点，就是给家人更多的保障。在购买商业保险的时候，从家庭整体出发，应该首先给家庭的主要经济支柱做好保障，然后再做好第二经济支柱的保障，最后才是给孩子做好保障。所以我们建议您首先给没有社会保险的夏先生做好充足的保障，然后给您自己再做好保障，最后还可以给孩子做一点保障。"

顾女士："我明白了，那我买什么保险合适呢？"

理财师："您购买时主要考虑重大疾病险、寿险、意外险，具体的保险产品我这里就不给您一一介绍了，否则，您又认为我是在向您推销保险了，呵呵。购买保险产品的时候，您提出您的保额需求和保费水平，可以通过咨询各个保险公司的代理人，请他们推荐产品组合给您，然后对他们推荐的产品做一个综合比较分析，再做出您的决定。"

顾女士："可是我也不懂保险产品啊。"

理财师："您先听他们的介绍，大致明白之后，如果您不知道怎么决定，您还可以拿着他们推荐的产品到我这里来咨询。"

顾女士："这可太好了，那我知道怎么做了。我可以先找各个保险公司的代理人询问产品信息，了解大致信息后，我再向您请教该如何做决定。"

理财师："这下您不会觉得我是在推销保险吧。"

顾女士："我现在已经清楚了。您能帮我规划整个家庭财务，但产品由我自己来选，这个方式很好。"

理财师："接下来，我们看第三个规划吧。第三个规划是子女教育规划。您的孩子现在1岁，您希望到他18岁时筹备30万元的教育金。经过测算，如果不考虑通货膨胀引起的学费上涨的因素，您每个月为他做一个769元的基金定投，按7%的年均投资收益率计算，就能在他18岁时准备好30万元的教育金了。如果考虑学费上涨的因素，这30万元教育金可能不够。在考虑学费上涨的因素下，最好每月定投1 271元。"

顾女士："一个是769元，一个是1 271元，差了500元啊？"

理财师："这两个值中，一个是没有考虑学费上涨因素的，一个是考虑了学费上涨因素的。您回头看下过去的10年，以前的学费不高，但是现在的学费多高啊。您想想17年后的学费还会和现在一样吗？有的时候客户只关注要筹备多少钱，却忽略了等筹备到这笔钱的时候，购买力已经不如从前了。这和买房子也有点类似。好不容易筹备了20万元，房价已经涨到40万元了；好不容易筹备到40万元，房价涨到80万元了。所以在规划的时候，要事先考虑物价上涨的因素，这样才能尽可能避免挣到钱后却仍支付不起的窘境。"

顾女士："您这么一说很有道理啊。我们之前老想着攒够了钱一次性把房子买下来，不贷款，不作房奴。但结果呢？现在我们确实还不是房奴，但我们好像比房奴还穷。房奴至少还有房子，而且房子升值后，房奴变成了有产阶级。而我们守着的这个存款账户，对比房价来说，是越来越贬值了。"

理财师："正是这样，所以要适当地在各类资产之间进行配置，不能将所有的资金都以存款的形式保留，适当地进行一些投资才会有利于财富的增长；否则，与通货膨胀相比，财富只会越来越少。"

顾女士："那我就为孩子多做一点投资吧，选每个月投资1 271元。规划书中写可以投资子女教育保险和指数基金，怎么选呢？"

理财师："子女教育保险是将子女教育金和保险结合在一起的。也就是说在子女独立之前，这笔钱既可以作为孩子的保险金，又可以作为孩子的教育金。"

顾女士："听起来很不错哦，您能举个例子吗？"

理财师："我拿一个公司的子女教育保险给您稍微做个介绍吧。我先说明一下，我介绍这个产品并不意味着要您买这个产品。比如产品A，只要孩子出生满60天至14周岁之前都可以投保，保障期限到被保人

25周岁。作为教育金的功能，投保这款产品后按三阶段获得生存保险金作为教育金：第一阶段，孩子18岁时可领取基本保额的30%；第二阶段，孩子22岁时可领取基本保额的30%；第三阶段，孩子25岁时可领取基本保额的40%。而作为保险的功能，如果孩子18岁前身故，可获得所交保费的1.5倍作为保险赔偿；如果18岁后身故，一次性给付未领取的生存保险金。"

顾女士："我明白了。就是说如果出现意外，保险公司就支付赔偿金；如果没有出现意外，保险公司就支付教育金？"

理财师："是的。"

顾女士："那投资指数基金和这个有什么区别呢？"

理财师："子女教育保险由于含有保险功能，所以其长期投资收益不如指数基金。但其优势是既有教育储蓄功能，又有保险功能。具体怎么选择，决策权还是在您那里！"

顾女士："那如果我要选择指数基金的话，该怎么选呢？"

理财师："您看规划书中的这个被动型指数基金对比，这里显示了各只被动型指数基金的特点。"

顾女士："什么是被动型指数基金？"

理财师："被动型指数基金和主动型指数基金是指数基金的两种类型。被动型指数基金所投资的股票全部是所跟踪的指数中的股票，而主动型指数基金除了跟踪指数对股票进行投资外，还主动从跟踪的指数以外选择股票来进行投资。"

顾女士："哪种更好呢？"

理财师："从我的角度来看，如果选择被动投资的话，当然是要选择完全被动的指数基金。如果加入了基金经理对股票的主动投资，那又得看基金经理的投资能力如何了。如果基金经理的投资能力强，那还不如就买完全主动型的股票基金了。所以，从我的角度来看，要选指数基金投资，就选完全被动的指数基金。"

顾女士："哦，那我该选哪一只呢？"

理财师："您可以根据我们提供的四个指标和综合诊断星级来判断。A表示最好，D表示最差。★★★★★表示最好，★表示最差。从表中，我们可以看到嘉实沪深300这只基金的周回报、抗跌能力、选股能力都是A，综合诊断是★★★★★，说明这只基金在指数基金中的表现是相当不错的。"

顾女士："什么是周回报？抗跌能力？选股能力？择时能力？"

理财师："周回报反映了这只基金给投资者带来收益的能力；抗跌能力反映了这支基金在整个市场下跌的时候下跌的幅度；选股能力反映了跟踪的指数中股票的优劣程度；择时能力反映了跟踪的指数中股票走势与市场走势的一致性。"

顾女士："你说得太专业了，虽然我还不是太懂，但是不是只需要看有几颗星或几个A就可以了？"

理财师："是的。A越多，星级也会越高，星级越高，意味着这只基金越值得投资。"

顾女士："那我会了。我以后就看你们的这个诊断就可以了。这个太简单了！"

理财师："我们也在不断地尝试将复杂、专业的知识以简单的方式呈现给非专业的客户，这样能使你们更容易理解我们所做的规划。接下来，再来看看养老规划吧。计算养老规划的时候，我们先计算您和您先生两人的生活费用。您先生的生活费用是4 000元/月，您的生活费用是2 000元/月，所以您二位的家庭每月生活费用是6 000元。"

顾女士："这里不用计算孩子和房子的费用了？"

理财师："当然，您想想，您退休的时候孩子都不需要您抚养了啊，而且退休后也不需要养房了。"

顾女士："所以只需要算我们的生活费用就可以了？"

理财师："是的。我们假设您退休后的生活水平与现在一样，所以要用现在的月生活费用来测算退休时的生活费用。男方一般是60岁退休，女方一般是55岁退休。您先生现在是29岁，至60岁退休时还可以继续工作31年。目前的生活费用6 000元经过31年后，按通货膨胀率3%计算，将达到15 000元。"

顾女士："您的意思是我们现在每个月需要用6 000元的话，31年后我们每个月需要用15 000元。"

理财师："是的。按照这15 000元计算，在您先生退休后，你们一共需要的生活费用是15 000×12×（80-60）=3 600 000（元）。"（图4-8）

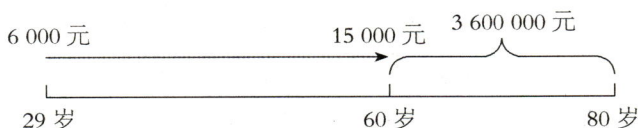

图 4-8　男性的养老规划

顾女士："可是规划书里写的是3 998 320元？"

理财师："您看得真仔细。我现在正准备给您解释。我们先测算一下您退休时需要的生活费用。您现在28岁，离55岁退休还有27年，生活费用6 000元按3%的通货膨胀率计算，到退休时每月需要13 328元。从55岁到80岁的25年时间里，你们一共需要的生活费用是13 328×12×（80-55）=3 998 400（元）。这个数与规划书中的3 998 320元差一点点，是因为13 328元是取整数的。你先生退休时需要的费用是3 600 000元，您退休时需要的费用是3 998 320元。您说应该按哪个数字准备呢？"

顾女士："我明白了，应该按多的那个数字准备。因为我退休早，所以要多准备一点钱。"

理财师："差不多就是这个意思。我们会根据谁退休早来计算退休后要准备的养老费用，所以规划书中显示的是3 998 320元。"（图4-9）

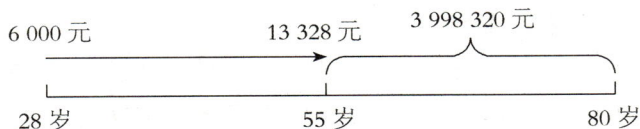

图 4-9　女性的养老规划

顾女士："怎么会差三四十万呢？"

理财师："您看我给您画的这个图。您先生工作年限比您长，退休后的生活年限比您短，所以如果按您的退休时间来看，您要用较短的时间来筹备较长的退休费用。从这个图可以看到，女性的养老要更早做准备，因为工作时间较短，而退休时间较长。"

顾女士："您这样一说，我感到很有压力啊。"

理财师："也不用着急，提前做准备就没有压力啦。对于 3 998 320 元的养老金，如果可以由社保解决 50% 的话，您就只需要筹备另外的 50% 了。而筹备这另外 50% 的养老金，您从现在开始准备的话，每个月做基金定投 2 089 元，按 7% 的年均投资收益率计算就能达成了。"

顾女士："每个月只需要投资 2 000 多元吗？以我们家的收入是完全可以做到的呀！"

理财师："呵呵，您现在没有压力了吧。"

顾女士："这没有压力，可以完成。"

理财师："其实很多家庭是有财力去做这些规划的，只不过，他们没有意识到原来财富可以这样运用。大多数人都以为钱存在银行是最保险的，但从长期来看，存在银行的钱缩水的可能性是很高的。"

顾女士："咦，我看到这里说除了定投基金，还可以通过购买投连险来储备养老费用。什么是投连险呢？"

理财师："投连险的全名叫做投资连接险。顾名思义，就是与投资相连接的保险，既有保险功能，又有投资功能。与我们之前说的子女教育保险有点类似，不过子女教育保险是储蓄功能，而投资连接保险是投资功能。"

顾女士："您能再举个例子吗？我不是很明白。"

理财师："比如产品 B，只要人一出生就可以投保，在 65 岁前也可以投保，保险保至 75 岁。如果在 75 岁前因为意外而死亡，可获得的保险金为投资账户价值的 205%。如果在 75 岁前因为疾病而死亡，设立了投资账户的，可获得的保险金为投资账户价值的 105%；而如果没设立投资账户，则获得保费以及保费产生的利息作为保险金。"

顾女士："没设立投资账户是什么意思？"

理财师："我正要和您解释呢。由于设立投资账户需要收取投资账户管理费，所以一些客户会选择不设立。如果不设立投资账户，那么这个产品就相当于纯保险产品了。"

顾女士："设立投资账户的管理费是怎么收取的？"

理财师："要看投资账户是什么类型的。如果是进取股票型账户，收取的管理费为1.5%；如果是平衡增长型账户，收取的管理费为1.5%；如果是精选价值型账户，收取的管理费为1%；如果是稳健债券型账户，收取的管理费为0.6%。"

顾女士："这些账户有什么不同呢？为什么收取的管理费不一样？"

理财师："这些账户收取的管理费是根据管理难度来设置的。风险越大的投资越难管理，所收取的管理费就越高。比如进取股票型账户就是帮您做股票投资，难度较大，所以收取的管理费为1.5%。"

顾女士："是不是一定会赚钱呢？"

理财师："这不一定。投资股票是风险很大的一种投资，所以会有出现亏损的可能，而且在市场不好的情况下亏损的可能性比较高。但在市场好的情况下，这种投资所赚的钱也会多很多。"

顾女士："那我怎么选择呢？"

理财师："如果您关注经济形势，您可以自己判断一下未来几年的经济形势是会变好还是变差。如果您认为会变好，而且又愿意承担风险的话，可以选择进取型股票账户；如果您认为未来的经济形势不如现在，而且您不愿意承担太多风险，可以选择稳健债券型账户。如果您希望您投资的股票是一些绩优股，通过分红的方式获得比较稳定的收益，可以选择精选价值型账户，但这种投资带来的收益相对于进取型股票账户要低。如果您希望您的资金一部分能获得较快的增长，另一部分则能获得较稳定的收益，可以选择平衡增长型账户。"

顾女士："我都不懂怎么判断经济形势，那怎么办？"

理财师："您也可以直接请我们理财师帮您分析一下未来的经济形势或者参加一些机构组织的关于宏观经济分析的讲座。这些讲座也能帮助您在未来进行更好的投资呢。在现在这个时代，信息就是财富。多了解各方面的信息，您就能在理财上获得更多的收获！"

顾女士："看来我以后还得多学习一下这方面的知识呀！"

理财师："您也可以全部交给我们来帮您选择，我们会在经济形势发生变化时帮您调整您的资产配置，这样您就不用亲自去打理财富了。"

顾女士："这样好呀，你所说的这些我似懂非懂，如果你能帮我全部搞定就好啦。"

理财师："我们会根据您的家庭特征为您搭配合适的产品，购买产品还得您自己去相应的机构购买哦。别忘了，我们只是帮您做规划，最终决策和执行还是得由您来做哦！当然，如果您希望我们协助您做，我们也会协助您的！"

顾女士："有你们协助就太好了。没有你们协助的话，我拿到这个规划好像也不知道该怎么着手操作呢！"

理财师："我们现在可以看最后一个规划了，就是房产规划。根据您的设想，您希望1年内能够购买90平方米左右的房子，我们按照这样的思路帮您分析。首先，我们不考虑上述四个基本规划，来评估您能购买什么价位的房子；然后，我们再考虑做好四个基本规划的情况下，您能购买什么价位的房子。由于基本规划需要占用您的财务资源，所以做好基本规划后您能购买的房屋价位会降低。如果影响不大的话，您就可以在做好基本规划之后仍能实现买房梦想了。"

顾女士："那您赶紧告诉我怎么看这个房产规划吧。"

理财师："按照您的家庭收入支出表，我们测算出了您家目前的年收入是18.9万元，表格中显示的留存比例是40.21%，即您一年可节余7.6万元。你目前的可投资资产是17万元，按3%的年收益率计算，1年后可获得5 100元的利息。所以您1年后可筹备的首付款总额是7.6万元加上17.51万元，合计为25.11万元。您家庭的年收入成长率为10%，所以1年后您家庭的收入将达到20.79万元。仍然按40.21%的留存比例来计算，相当于每月您可留存7 626元，这部分资金构成了您偿还房屋贷款的基础。

如果按这个进行测算，您可以承担的贷款额为120万元。但是，由于您的首付款只有25.11万元，如果房屋需要首付3成，按您的首付款25.11万元计算，您也只能购买25.11÷30%=83.7（万元）的房子。其中，58.59万元是您需要贷款的金额。按照总房价83.7万元、房屋面积90平方米计算，您目前可负担的房价为9 300元/平方米。"

顾女士："我们周围的房子价格大概在7 000～10 000元/平方米，9 300元/平方米刚好在这个范围呢。那如果我在做好其他规划的情况下，可以买什么价位的房子呢？"

理财师："我们接着看下面这张表。您看，在做好四个基本规划后，您每月收入扣除月支出后的节余就只有1 057元了。但是没关系，您还有年奖金收入。您可以将年奖金收入分摊到每月来偿还贷款。做好四个基本规划后，您的留存比例还有19.48%。由于部分资金用来做四个基本规划了，所以您的首付款降低为211 918元。又由于每月节余部分拿来进行投资做子女教育规划和养老规划了，您可负担的每月贷款偿还额也降低为4 236元。不过，这并没有影响到您买房的贷款额。按每月偿还4 236元测算，贷款30年期，您可贷的金额为66.7万元。但是按首付款21.19万元计算，您的买房总价为21.19÷30%=70.6（万元），其中贷款为49.4万元。所以您虽然可以承担66.7万元的贷款，但由于您的首付款限制，您只能贷款49.4万元购买70.6万元的房子。按90平方米面积测算，在考虑四个基本规划后，您可负担的买房单价为7 849元/平方米。这个价格还在您周边的房价范围内呢！"

顾女士："太好了，我太高兴了！我可以说服我老公买房了！"

理财师："按照现在的这个规划，您既可以做好保障、子女教育、养老，又可以实现买房的目标，而且不会降低你们现在的生活水平！"

顾女士："今天收获真大啊！不但买房子的心愿可以实现了，而且您还帮我安排了子女教育和养老的事情，真的太感谢您了！"

理财师："我给您再写一个简单的操作方案吧，您只需要按照这个操作方案去实施就可以了。"

顾女士："好呀。虽然我现在好像知道该怎么做了，但真的要做这些，我可能还是不知道从何入手呢。"

理财师："您照下面这个实施策略去做吧！"

实施策略

1. 去银行开设基金账户，将存款 27 000 元转成货币基金。另外，保留 27 000 元活期存款作为应急资金。剩余的存款用做买房基金，暂时不用处理。

2. 找保险代理人咨询重大疾病险、寿险、意外险的搭配，根据规划中的保额和保费支出选择适合自己的保险产品组合。

3. 开设第二个基金账户，为子女教育做一份基金定投，或购买少儿教育险。

4. 开设第三个基金账户，为养老做一份基金定投，或购买养老保险。

5. 第 10 个月起可以开始看房，只看房价在 7 850 元/平方米左右的房子，看中后可以着手买房了。

6. 别忘记每年来复检一下您的理财规划，幸福的生活来自妥善的财富管理！

顾女士："真是太感谢您了。您这样一写，我直接照着做就可以了！我会每年来找您的。有您的帮助，我对自己的未来更充满信心了！谢谢您！"

　　这一章要告诉您的不是如何教育子女的问题，而是如何为子女教育提前规划，使孩子的未来尽可能地接受更好的教育，从而为孩子搭建一个更高的起点。对孩子教育的规划，是父母送给孩子最好的礼物。

如果您直接翻开这一章，我猜想您的孩子已经出生了。我更希望的是翻开此页的您还未生育孩子，这样您就能真的做到"子女教育，从零岁开始"。也许看到这个标题，您想到的是如何教育子女。但我这里要告诉您的不是如何教育子女的问题，而是如何为子女教育提前规划，使孩子在未来尽可能地接受更好的教育，从而为孩子搭建一个更高的起点。

现在的教育资源已经大大超越过去，孩子的选择也扩大了很多。他们既可以进入国内的大学接受高等教育，又可以选择出国留学接受西方教育；他们既可以进入公立学校，又可以选择私立学校。国际化进程的加快使得每个家庭面临的教育资源变得多样化，但并非每个家庭都能在这些教育资源之间自由地做出选择，而限制孩子追逐更高梦想的一大障碍就是家庭财务资源的不足。在财务资源不足的情况下，有多少孩子放弃了心中的梦想？有多少孩子天赋过人，却因平庸的教育埋没了天赋？

对孩子教育的规划，是父母送给孩子最好的礼物。让我们来看看下面这个案例吧。

孙先生，30岁，在一家外资公司做主管，月收入12 000元。孙太太，27岁，在国有企业做财务，月收入6 000元。两人的年奖金分别为20 000元和8 000元。孙先生和孙太太上个月喜得一子。孩子出生后，家庭开支增加了不少。以前孙先生和孙太太每人每月各自分摊2 000元的生活费用，现在孩子出生后，孙先生主动承担了孩子的开支，每月约1 500元。每年会给双方父母过节费共1万元。两人2年前结婚时购入了一套房，目前价值为150万元，贷款尚余65万元，每月偿还贷款4 277元，贷款利率6.55%，贷款期限尚余28年。买房时孙先生还借了亲戚10万元。目前存款仅3万元。除此之外，孙先生的家庭就没有任何其他资产了。孙先生在欢喜之余也感觉压力倍增。他经常向朋友笑称自己现在既是房奴，又是孩奴。

虽然身在外企、拿着高薪，但孙先生仍然觉得家庭财务吃紧。为了还房贷、养孩子，孙先生和孙太太放弃了以前的一些娱乐活动。高学历的孙先生心里有个愿望，希望孩子能出国留学，见识外面更广阔的世界。但是孙先生也知道，留学的费用相当高。在北美留学估计得准备100万元的留学费用。虽然按孙先生目前的收入来看，筹备这100万元似乎不成问题，不过考虑到还房贷、养育孩子等未来的支出，孙先生仍然觉得压力不小。

孙先生找到了理财师，希望理财师能帮他进行一个财务上的安排，既能轻松还完房贷，又能为孩子提供一个快乐成长的环境，并为孩子未来的留学储备足够的费用。

虽然朋友告诉过孙先生理财师能帮他做好这些财务安排，让他能过上轻松的生活，但他还是心存怀疑。带着疑虑，孙先生走进了理财师的办公室。

孙先生："您好！我是孙先生，是我一个朋友介绍我来找您的！"

理财师："您好！很高兴您能来找我！我从您的朋友那里对您的需求有了基本了解。不过，为了能更好地帮助您，我需要您提供更多的信息。"

孙先生："您能帮我做一个好的财务安排吗？"

理财师："您放心，做好规划后，您的生活一定会变得非常轻松，幸福指数会大幅提高的！"

孙先生："真有那么好吗？我不相信！"

理财师："没关系。您第一次来做规划，是免费的。您做了之后如果觉得有用，就推荐给您的朋友！您不就是您的朋友推荐过来的吗？"

孙先生："他说挺好的，但我不相信。不过，我现在确实觉得压力挺大，一方面要努力工作还房贷，另一方面我也希望孩子得到好的教育。现在只能拼命工作挣钱了。"

理财师："太拼命也不行啊。年轻的时候用命换钱，到老的时候要用钱来换命啦，最好是工作和生活平衡。而要做到工作和生活平衡，就需要一个好的规划，您说对不对？"

孙先生："您说的在理，可是要做到这个平衡并不容易呀。不工作就没钱，没钱就还不了房贷，更别说给孩子提供好的教育了。我现在觉得公司发的薪水还是不够用，老想着跳槽到一家薪水更高的公司去。"

理财师："您找到合适的了？"

孙先生："就是没有找到合适的。有的公司薪水很高，但要经常出差。我担心没时间陪孩子，也就没去。我正纠结这个问题呢。到底是去好，还是不去好？我想是不是先去挣几年钱，赶紧把房贷还了，这样就会轻松很多？"

理财师："您的这个想法应该是很多人的想法。大家都急着想把房贷还了，以为这样就可以轻松幸福了。但实际上，房贷没有必要那么着急还。"

孙先生："为什么呢？房贷早点还完不就可以节省利息了吗？否则，我不是给银行打工了吗？"

理财师："很多人都有早点还完贷款的想法，这是因为他们没有明白银行贷款的作用在哪。银行贷款在家庭财务中的作用就是补充家庭资金的不足。每个人的生命都是有限的，所以每个人用于工作的时间是有限的，这就代表着通过有限的工作时间挣的钱是有限的。而用有限的工作时间挣的有限的钱只能实现有限的目标。这就是很多人总觉得财务资源不足的原因，通俗地讲，就是老觉得钱不够用。"

孙先生："是啊，我就这样觉得！所以我觉得压力挺大的，幸福感也慢慢降低！"

理财师："如果只考虑自己工作挣钱获得的财务资源，那么这种财务资源确实是有限的，自然会感觉到压力。问您一个问题，您在买房的时候压力大吗？"

孙先生："压力大啊。首付款还借了亲戚很多钱呢。以前总想着一次性将房子买下来，不用银行贷款。可是看着房价一路高升，我想如果再不买的话，我这一辈子也不可能买得起房子了。所以，我最终还是决定用银行贷款了。这不，现在就成了房奴了。"

理财师："是不是房奴，要看会不会用银行贷款了。您的房价现在升了吗？"

孙先生："升了20%。"

理财师："这部分升值可以抵消您的部分贷款利息，对吗？"

孙先生："是的。可是不可能抵消所有的利息。"

理财师："如果未来还升值的话，是不是可以抵消更多的利息呢？"

孙先生："这有可能。但谁知道还会升值多少呢？"

理财师："那我们现在不考虑未来的升值，还有第二个好处，就是用银行贷款可以抵御通货膨胀。如果要您现在还50万元，和让您10年后还50万元，您选择哪个？"

孙先生："我当然选择10年后还。"

理财师："为什么呢？"

孙先生："10年后的50万元肯定没有现在的50万元值钱啊？"

理财师："您说对了。在通货膨胀的情况下，未来的钱不如现在的钱值钱，所以从银行贷款，相当于以一个较便宜的价格使用资金。当然，银行为此要收取贷款利息。这个贷款利息本来就是要收取的，相对比较固定。我们把您支付的贷款利息看做用钱成本，而把50万元资金因通货膨胀而贬值使您获得的收益（您现在贷款50万元，相当于赚取了这部分收益）看做用钱收益。虽然您支付了用钱成本，但这部分成本却会因为您用钱收益的提升而降低。也就是说，在通货膨胀的情况下，贷款成本相对来说会更低。"

孙先生："您这一说有道理。看来我当初贷款买房的决策是对的啊！"

理财师："我刚才说的是第二个好处，还有第三个好处，就是贷款帮您节省了家庭财务资源。如果您手头有150万元资金，您会选择一次性买房还是会选择贷款买房？"

孙先生："那我肯定一次性买啦。"

理财师："实际上，您有这样几种选择：第一，是按您的想法一次性买下150万元的房产；第二，是用150万元作为首付款，再贷款350万元，购买总价为500万元的房产；第三，是用45万元作为首付款，再贷款105万元，购买150万元的房产，而节省下来的105万元自有基金可以拿来作为教育资金或其他投资。您觉得这三种方案哪个更好呢？"

孙先生："啊，是啊。原来可以有这么多选择。我现在觉得第三个方案最好,既可以买房,又可以给孩子足够的教育基金。第二个方案我可不敢贷款那么多,压力太大了!"

理财师:"您看,我这只是给您做了一个小小的资产配置,您是否觉得我的建议会对您有帮助呢?"

孙先生:"您讲得有道理。我相信您。您怎么帮我做规划呢?"

理财师:"我需要了解您比较详细的信息,然后对您的各项资产进行组合配置,使得您的各项合理的目标都尽可能轻松地达成。我需要在您的协助下填写完这几个表格。"

孙先生:"哦。好的。您告诉我如何填吧。"

理财师:"我先帮您填写好您和您太太的基本信息和月收入支出信息,您确认下,看看对吗?"(图5-1)

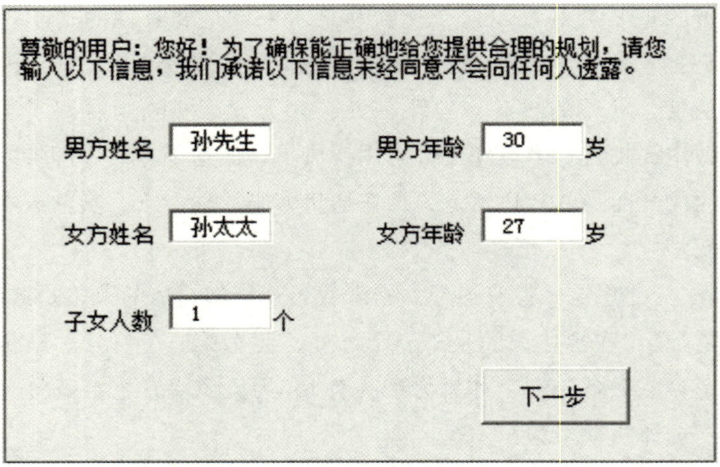

尊敬的用户:您好!为了确保能正确地给您提供合理的规划,请您输入以下信息,我们承诺以下信息未经同意不会向任何人透露。

男方姓名 孙先生　　男方年龄 30 岁

女方姓名 孙太太　　女方年龄 27 岁

子女人数 1 个

下一步

图5-1　用户基本信息

孙先生:"对的。"

理财师:"您和您太太都有社保吗?"

孙先生:"都有。"

理财师:"那我在是否有社保这个选项里都打上钩!"(图5-2)

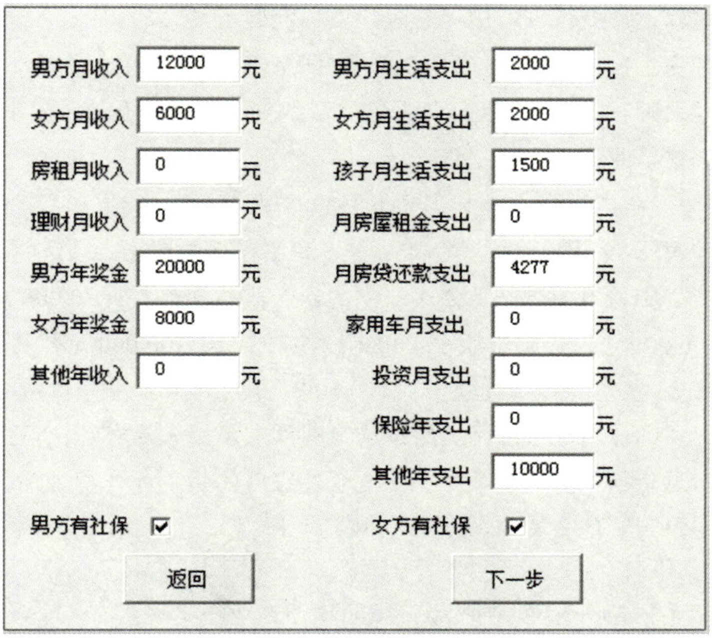

男方月收入	12000	元	男方月生活支出	2000	元
女方月收入	6000	元	女方月生活支出	2000	元
房租月收入	0	元	孩子月生活支出	1500	元
理财月收入	0	元	月房屋租金支出	0	元
男方年奖金	20000	元	月房贷还款支出	4277	元
女方年奖金	8000	元	家用车月支出	0	元
其他年收入	0	元	投资月支出	0	元
			保险年支出	0	元
			其他年支出	10000	元

男方有社保 ☑ 女方有社保 ☑

返回　　　下一步

图5-2　收入支出表信息

孙先生："这有什么关系吗?"

理财师："如果你们都有社保的话，你们的基本保障就有了。所以在配置保险的时候，相对于没有社保的人来说，可以选择一个较低的保额。"

孙先生："我们有社保，还需要买保险吗?"

理财师："社保只能为你们提供基本的保障。在很多情况下，光靠社保是不够的，而且现在的机制是先垫付后报销。也就是说万一住院，必须先准备好医疗费，等治疗后再用发票报销。这实际上就是很多家庭仍然需要维持高储蓄的一个原因。"

孙先生："原来是这样啊。您说得对，我之前就遇到过这个情况。在刚买房不久，我住了一次院。当时积蓄都用在买房上了，所以不得不向亲戚朋友借了几万元先垫付医疗费，病好以后拿发票报销完才能还上之前的借款。"

理财师："商业保险与社会保险不太一样，一般采用先垫付医疗费的方式，只要确诊属于保险范围内的疾病，保险公司可以帮您先垫付医疗费。这样，您就可以不用担心医疗费的问题了。"

孙先生："是不是医疗费全部垫付呢？"

理财师："这不一定，要看您购买的商业保险的保额了，保险公司是按保额垫付的。"

孙先生："那我应该购买多少保额的保险呢？"

理财师："别着急。我们先填写完资料，软件就会自动帮您算出来的。我们接着填写资产负债表。您的现金或活期存款有30 000元，自用房产1 500 000元，房屋贷款650 000元，其他贷款100 000元。"

孙先生："等等，其他贷款100 000元怎么不和房屋贷款放一起？"

理财师："100 000元虽然是从亲戚朋友那借来买房的，但这笔钱并不属于房屋贷款。房屋贷款是指需要偿还银行的贷款或公积金贷款。私下借的钱记录到其他贷款中。"（图5-3）

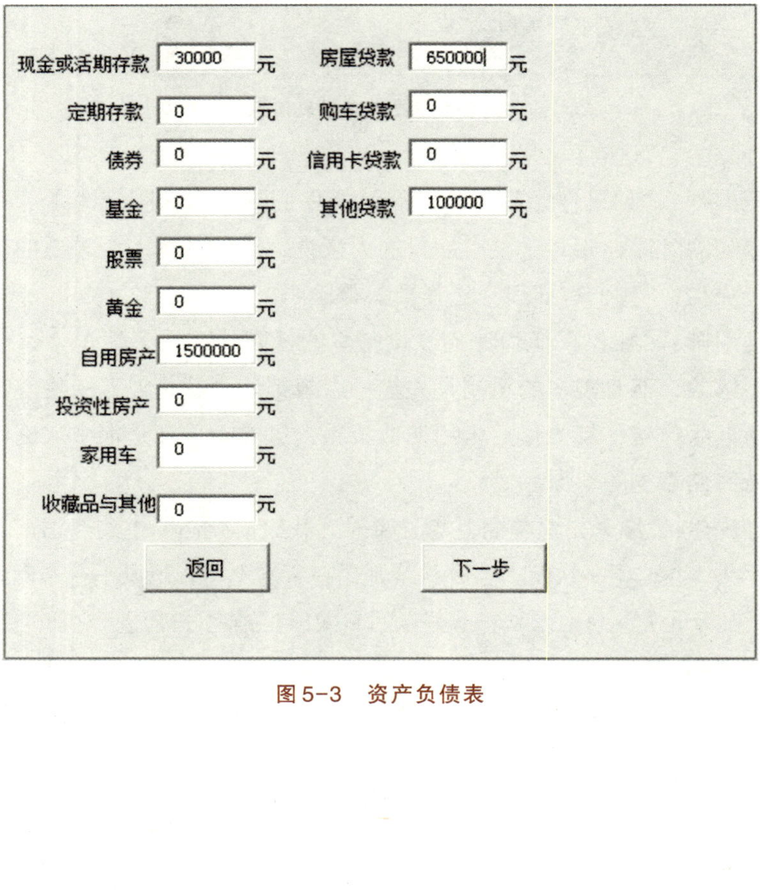

现金或活期存款	30000	元	房屋贷款	650000	元
定期存款	0	元	购车贷款	0	元
债券	0	元	信用卡贷款	0	元
基金	0	元	其他贷款	100000	元
股票	0	元			
黄金	0	元			
自用房产	1500000	元			
投资性房产	0	元			
家用车	0	元			
收藏品与其他	0	元			

返回　　　　　　　下一步

图5-3　资产负债表

孙先生："哦，原来是这样。"

理财师："您看，资产负债表填写完了。我们接下来梳理下您的理财目标。"

孙先生："我的目标很简单，就是为孩子准备教育基金啊！"

理财师："对于已经成家并养育了孩子的家庭来说，理财目标至少有四个：应急准备、长期保障、子女教育、退休养老。这四个目标是理财规划中最基本的四个目标，缺少任何一个都表明家庭财务规划是不完整的。而且，对于这个时期的家庭来说，这四个规划缺一不可，对于保障家庭财务状况的平稳非常重要。"

孙先生："我不懂。有那么重要吗？"

理财师："之所以说这四个规划对有孩子的家庭非常重要，是因为这个时期的家庭责任比任何一个时期都大。孩子成了这个时期家庭的重心。家庭成员所做的大部分事情都是为了孩子。但是要保证孩子的顺利成长，家庭财务的稳定是关键的因素。试想一下，当家庭因为某种原因失去了经济来源，孩子还能顺利成长吗？很多家庭因为父母一方生病，另一方需要辞去工作来照顾，所以完全失去了经济来源，最终导致孩子不得不辍学。如果做好了家庭财务规划，这种悲剧是完全可以避免的。"

孙先生："您说得有道理，现在最怕的就是生病。全家有一个人生病住院，家人就会忙得团团乱转，工作和生活都被打乱了。我生病住院的时候，我太太请了一个月的假照顾我。还好，由于以前我太太没有休过年假，所以这次能请到一个月的假。如果在其他单位工作，我想她的工作也可能没了。当时真觉得日子一下子很艰难。"

理财师："是的。一般情况下，大家都不会往坏的方面想，但天有不测风云，谁也不知道会不会有意外出现。当意外出现的时候，如果提前做好了准备，就会轻松很多。比如我们刚才提到的子女教育问题，在正常的情况下，孩子18岁接受高等教育时用工作挣的钱应该可以满足其需要。但是，如果中途出现意外，则会打乱这个过程。如果中途遇到大额医疗支出，或者中途家庭成员的经济收入中断，都会使子女教育陷入困境。"

孙先生："有没有什么办法可以避免这种情况的发生？"

理财师："有，办法就是在做好长期保障的情况下再做子女教育规划。这也是我们所提倡的综合规划。我们不是单独对一个问题进行规划，而是在对所有问题进行综合考虑的基础上完成整体规划。比如，做子女教育规划的时候，如果忽略了保障规划，子女教育就有点像无本之木了。当出现意外情况时，抚养人没有经济来源如何完成子女教育规划？您说对不对？"

孙先生："是啊，自己都养不活的话怎么给子女提供好的教育呢！"

理财师："所以先要保障好自己，才能为子女提供好的成长环境。许多父母现在退休后都非常重视保健，有的也是担心给子女增加负担呢。面对忙碌的工作，成年子女们都疲于奔命，一旦父母有个意外，就会给家庭带来很大的困扰。如果做好了保障，这些困扰就会少很多，生活也会幸福很多。"

孙先生："是这么个道理。我们继续填表吧。"

理财师："我们先来梳理应急目标和保障规划目标。您现在已经买房了，由于有房贷在身，我建议您准备6个月的应急资金。"

孙先生："这个应急资金是干什么用的？"

理财师："这个应急资金是用来应付短期意外情况出现时需要的资金。比如，因某种原因失去工作的情况下，一般要花3～6个月来找工作，在没有工作的这3～6个月中，就靠应急资金来生活。在没有房屋贷款的情况下，准备3个月的应急资金也差不多了。但是在有房屋贷款的情况下，最好准备6个月的应急资金。因为生活费用还可以节省，房屋贷款则是必须要还的。如果没有按期还贷，抵押的房屋就会被银行收回。这样就会楼去财空。"（图5-4）

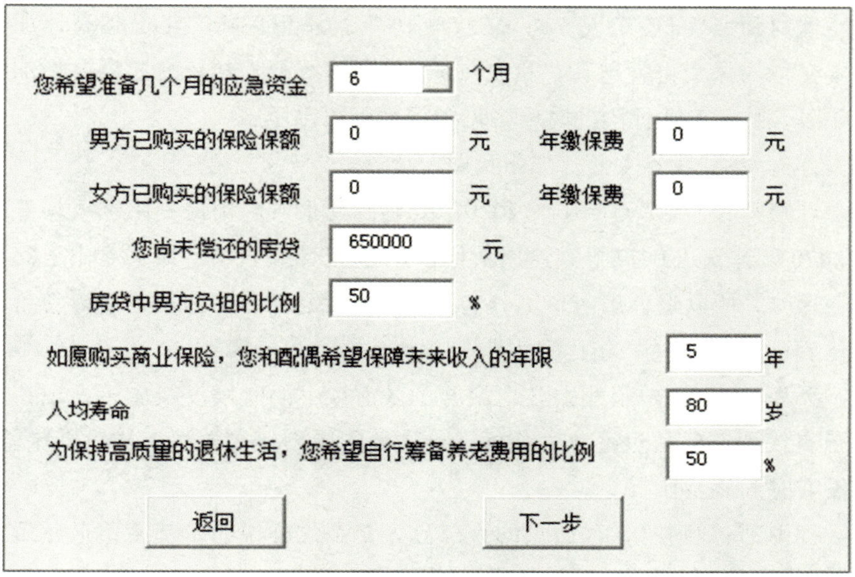

您希望准备几个月的应急资金	6	个月		
男方已购买的保险保额	0	元	年缴保费	0	元
女方已购买的保险保额	0	元	年缴保费	0	元
您尚未偿还的房贷	650000	元		
房贷中男方负担的比例	50	%		

如愿购买商业保险，您和配偶希望保障未来收入的年限 〔5〕 年

人均寿命 〔80〕 岁

为保持高质量的退休生活，您希望自行筹备养老费用的比例 〔50〕 %

返回   下一步

图5-4 理财目标梳理第一步

孙先生：“是啊，这个问题我一直都没有考虑过。反正现在每个月用工作挣的钱来还银行贷款绰绰有余，所以也就没有仔细去想。您现在一说，我还真想起来一件事。在我生病住院的时候，当时借的钱中有一部分就是拿来还贷款的。后来出院只想着还钱，也就忘记这回事情了。”

理财师：“可不是嘛。这就是应急资金的作用所在了。如果您准备了应急资金，意外情况给您带来的困扰就少多了。接下来，我们再梳理下您的长期保障情况。您和您太太都没有购买商业保险，所以这里填写的保额和保费都是0。您有650 000元房贷未偿还，我帮您填写上。目前，对于这笔房贷，您和您太太各自承担多少？”

孙先生：“我们事先约好，各自承担一半。”

理财师：“那我在‘房贷中男方负担的比例’栏目后填写50%。如果您愿意购买商业保险，您希望保险提供的赔偿额可以保障您未来多少年的收入？”

孙先生：“这个我没有概念，一般怎么算的？”

理财师："一般来说，可填写 5 ~ 10 年。您想保障的年份越高，那么您要交纳的保费也就越高。我先按 5 年帮您填写吧，如果您还需要增加保障年限，购买商业保险的时候多增加保额就可以了。"

孙先生："我不太懂，您帮我做主吧。"

理财师："《"健康中国 2020"战略研究报告》中提到中国人均寿命在 2020 年有望达到 77 岁。这里我们按 80 岁来计算人均寿命吧。由于您有社会保险，所以退休后有一笔养老金可以满足您的基本生活需要。您希望退休后过一种什么样的生活呢？"

孙先生："我希望能去各地旅游。以前读书的时候没钱旅游，现在工作了有钱了，但是也不敢太奢侈，最主要的原因还是虽然有钱可以旅游，却没有时间旅游。"

理财师："哈哈，我遇见的大部分人都是这样说的，都希望退休后去旅游。那您有考虑过旅游的开销从哪里来吗？"

孙先生："等把房贷还了、孩子工作了，其他剩下的钱就用来旅游呗。"

理财师："能剩下多少钱？"

孙先生："这个……我还没想过呢。离退休还早着呢，现在想也没用啊？"

理财师："大多数人也和您有一样的想法，有好的目标，但没有去规划。从理财的角度来说，越早规划越早受益，因为财富与时间是相关的。想想看，如果 10 年前您买了房，您现在可以少奋斗多少年呢？如果您提前规划，在退休的时候就可以依靠您事先的投资来实现您的旅游梦想了，而且越早投资，所需要的投资成本就越低。"

孙先生："您说得对。如果 10 年前我买了房，我现在就不用这么辛苦工作了，那时候的房子多便宜啊。"

理财师："现在您也不用后悔，未来的机会是一样的。您从现在开始做好规划，退休后就能轻松地实现旅游的梦想了。为了退休后的幸福生活，除了依靠退休金外，您还需要筹备一部分的养老费用作为提升生活质量所用。这里我帮您设定为自行筹备养老费用的比例占总费用的40%。"

孙先生："能不能帮我设定为50%，这样我就可以多一些自主支配的资金了。"

理财师："那好，我帮您调整为50%。接下来，我们可以进入子女教育目标设定这个环节了。您的孩子现在已经出生1个月了，我们在子女年龄这里填写'1'岁。根据您的期望，您想准备100万元的教育金，我们在'希望为长子（女）准备的教育金为'这个栏目后填写1 000 000元。这笔资金您希望在孩子18岁时能动用，我们在'准备孩子几岁时动用教育金'中填写上18岁。这一步就完成了。"（图5-5）

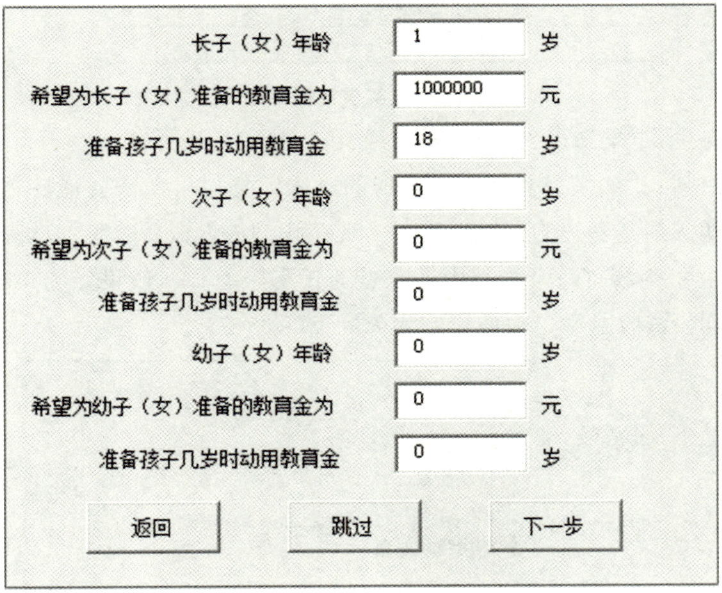

图5-5　子女教育目标设定

孙先生："这一步看起来挺简单的。"

理财师："到目前为止，我们已经梳理了应急准备、长期保障、子女教育、养老规划目标，基本的四个规划都有了。由于您已经买房，暂时又没有考虑买第二套房的打算，所以我们可以跳过接下来的买房规划，将买房规划中计划几年购房设置为0即可。"（图5-6）

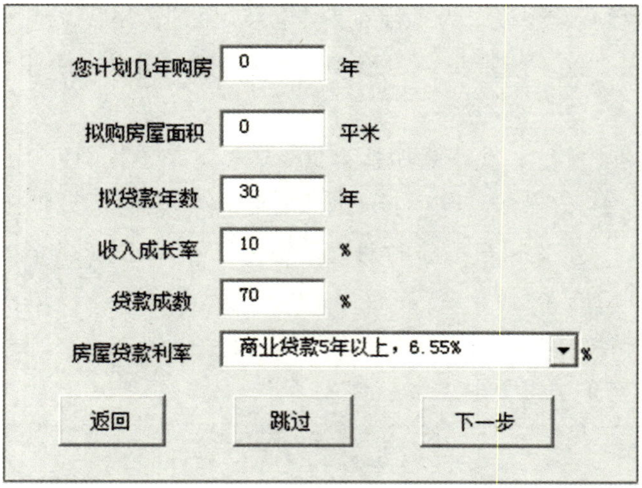

图5-6 买房目标设定

孙先生:"早知道当初买房的时候也来找您咨询了。"

理财师:"如果您想买第二套房的时候,您也可以来咨询。相信您不久就能朝买第二套房的目标迈进了。现在我们进入最后一步,就是设定参数了。主要参数有两个,其中一个是通货膨胀率,一般设定为3%;另一个是年均投资收益率,一般设定为7%。"(图5-7)

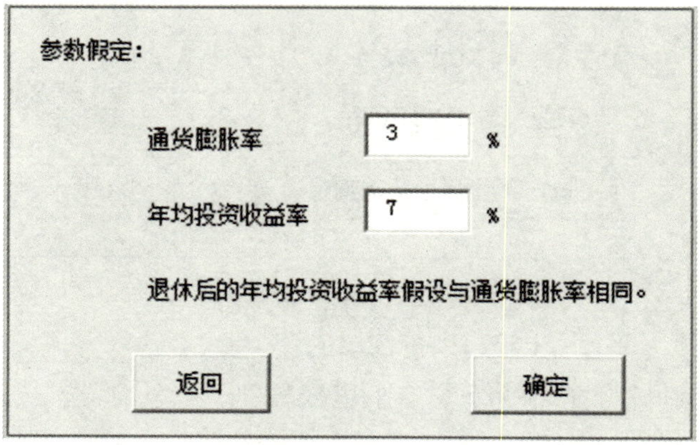

图5-7 参数设定

孙先生:"为什么是3%和7%?"

理财师："这两个数字与我国的宏观经济有关。您知道CPI和GDP吗？"

孙先生："现在经常看点经济新闻，是通货膨胀和经济增长吧。"

理财师："没错。CPI反映的是通货膨胀，GDP反映的是经济增长。国家在实施宏观经济调控时就非常看重这两个指标。当CPI超过3%时，意味着通货膨胀较严重了，所以国家会采用一些措施来打压通货膨胀，使其尽可能地降低到3%以下。而当GDP低于7%时，意味着国家的经济增长变缓了，国家会采取一些措施使GDP恢复到7%。所以我们将通货膨胀率设置为3%，将年均投资收益率设置为7%。"

孙先生："原来是这样啊，看来我以后要经常关注这两个数字了。"

理财师："是的，这两个数字可以看做是经济的风向标。我们现在都设置好了，接下来就进入了选择'生成综合规划报告'的界面。"（图5-8）

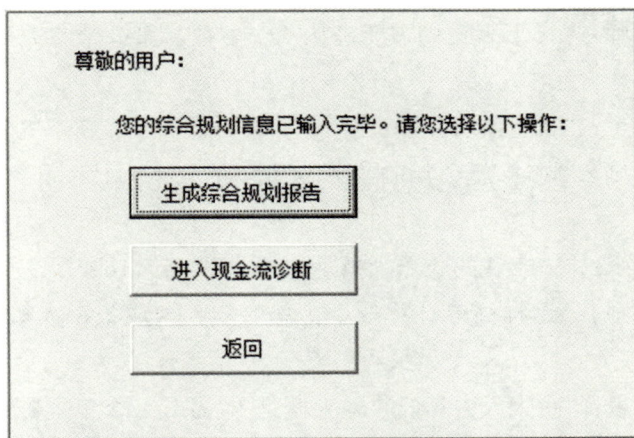

图5-8 **"生成综合规划报告"选择界面**

孙先生："下面还有一个'进入现金流诊断'选项，是什么？"

理财师："这个选项可以计算您未来若干年的现金流，判断在某年是否会出现现金流不足的情形。"

孙先生："我想看一下我未来的现金流情况，可以吗？"

理财师："当然可以。我们点击'进入现金流诊断'，就会进入现金流诊断的第一个步骤。由于刚才已经为您进行过综合规划的信息输入，所以

我们可以直接点'是，进入下一步'。"（图5-9）

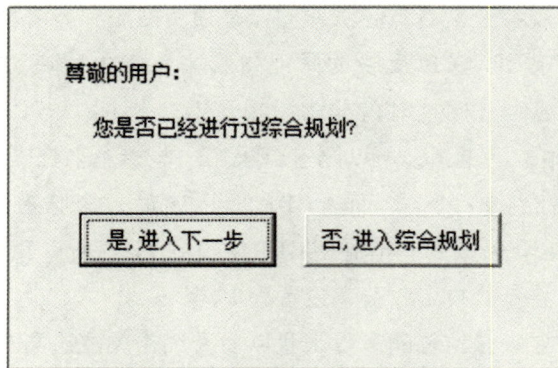

尊敬的用户：

您是否已经进行过综合规划?

是,进入下一步　　否,进入综合规划

图5-9　现金流诊断第一步

孙先生："接下来，要干什么?"

理财师："接下来我们需要确认几个参数。第一个参数是您的收入成长率。"

孙先生："我也没有算过。"

理财师："您将您今年的收入与去年的收入对比一下就可以计算出来了。"

孙先生："去年我的收入大概是16万元，今年16.4万元左右。"

理财师："这样简单计算一下，您的年收入成长率大概是3%。您太太呢?"

孙先生："我太太去年的收入大概是7.7万元，今年是8万元。"

理财师："那您太太的收入成长率约为4%。接下来的参数是社保成长率，这个参数我们按通货膨胀率3%来设定为默认值。这是假设未来退休后的养老金的增长与通货膨胀率的增长相匹配。"

孙先生："退休后社保收入与退休前收入之比又是什么?"

理财师："这是评估您退休后的收入与退休前的收入之间的差距。由于退休后您就没有工作上的收入了，所以收入会下降很多。现金流也就会下降很多。退休后要靠退休前积累的现金流以及退休金来生活。"

孙先生："我也不知道退休后能拿到多少退休金，而且退休前的收入我也不知道呀。"

理财师："是的，您的退休后的收入和退休前的收入是无法预测到的。但您可以看看您退休的同事，大致也可以算出这个比例。如果很难计算，也可以采用默认值50%。"

孙先生："那我采用默认值50%吧。"（图5-10）

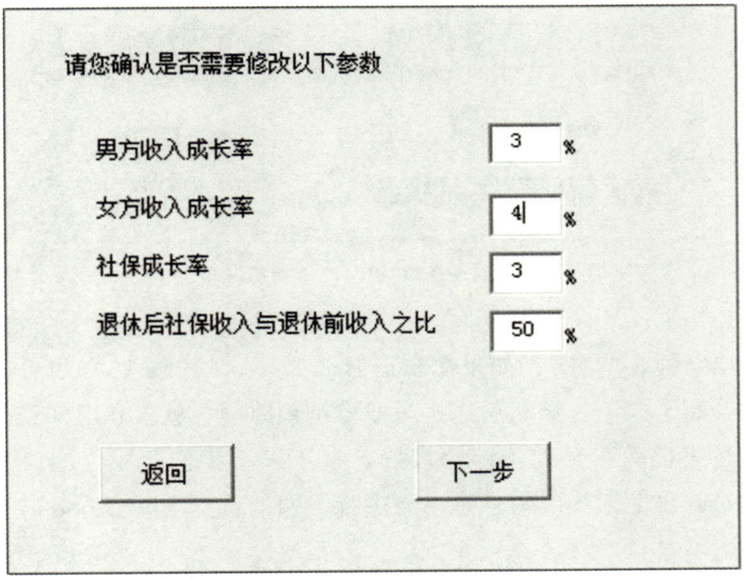

请您确认是否需要修改以下参数

男方收入成长率	3 %
女方收入成长率	4 %
社保成长率	3 %
退休后社保收入与退休前收入之比	50 %

返回 　　　　下一步

图5-10 现金流诊断第二步

理财师："接下来我们进入第三步，输入未来会出现的大额支出的信息。您目前已买房，所以这笔大额支出发生在过去，我们不考虑了。您未来的大额支出主要是子女教育费用100万元。我们将这笔费用填写在第1列'首次大额支出信息'中的'支出金额'栏目里。这笔费用在18年后支出，我们在'几年后支出'栏目里填写18。由于这笔教育费用不需要贷款，所以在'贷款成数'、'贷款利率'、'贷款期限'中都填写0。您家庭目前也没有规划其他大额支出了，所以第二次和第三次的大额支出信息都填写0。第三步就完成了。"（图5-11）

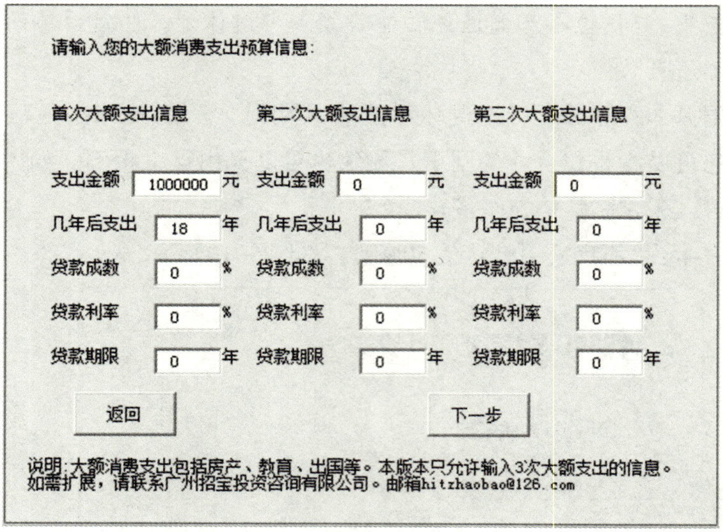

请输入您的大额消费支出预算信息：

首次大额支出信息	第二次大额支出信息	第三次大额支出信息
支出金额 1000000 元	支出金额 0 元	支出金额 0 元
几年后支出 18 年	几年后支出 0 年	几年后支出 0 年
贷款成数 0 %	贷款成数 0 %	贷款成数 0 %
贷款利率 0 %	贷款利率 0 %	贷款利率 0 %
贷款期限 0 年	贷款期限 0 年	贷款期限 0 年

返回　　　　　　　　　　下一步

说明：大额消费支出包括房产、教育、出国等。本版本只允许输入3次大额支出的信息。如需扩展，请联系广州招宝投资咨询有限公司。邮箱hitzhaobao@126.com

图5-11　现金流诊断第三步

孙先生："也很简单啊。"

理财师："是啊，如果您知道怎么填写这些信息，您也可以自己做理财诊断了。不过诊断后还是需要咨询理财师，就像自己知道得了什么病后还得问医生如何治疗比较好。接下来，我们要采集的信息更细致了。第四步要采集的信息是'您进行大额消费支出时会同时减少每月的月支出吗？'"

孙先生："这个我不懂怎么填写。"

理财师："我解释给您听。比如您以前租房住，买房后您就不用再交租金了，因此每月的租金就会从月支出中减掉，这会增加您每月的现金流。"

孙先生："但我买房后每月要还贷款呀。"

理财师："贷款还款额我们已经计算在您买房后的每月支出里了，所以这里要计算的月支出减少额就是您买房后节省下的月租金支出。当然，您在做这个规划前已经买房了，买房已不是您未来的大额支出了，所以这里您没有买房减少的月支出。您未来的大额支出是子女教育基金。当孩子读书后，孩子每月的生活费用已包含在教育基金中，所以可从未来的现金流中减少。您的孩子目前的生活费是1 500元,在18年后可以减少。所以我们在'可减少的月支出金额'栏目里填写1 500元,在'从几年后开始减少'栏目里填写18年。"(图5-12)

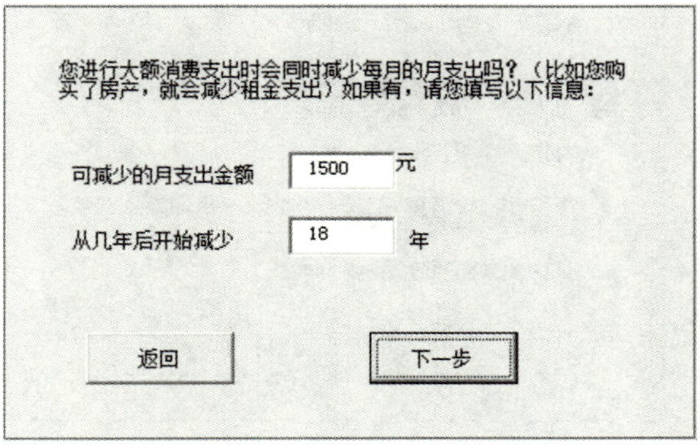

图5-12 现金流诊断第四步

孙先生:"这样比较合理。"

理财师:"接下来我们进入现金流诊断第五步。这一步采集的信息主要是您的现金流支出年限,比如如果您有房贷还款,那么什么时候还完贷款?"

孙先生:"我的房贷还要还28年。"

理财师:"那我们在'您目前的房贷还需要偿还多少年'中填写28。除了房贷外,您每年还进行了哪方面的固定投资吗?"

孙先生:"什么是固定投资?"

理财师:"比如为孩子教育做基金定投、为养老做基金定投等。"

孙先生:"我之前从来没做过这些。"

理财师:"按照您目前的情况,您没有进行过固定投资,所以我们在第2项的'您目前的投资还会进行多少年?'中填写0。第3项是关于您缴纳保费的信息。"

孙先生:"我也没有买过商业保险。"

理财师:"那我们在'您目前的保费还需要缴纳多少年'中填写0。

这样第五步也完成了。我们点击'下一步'。"（图5-13）

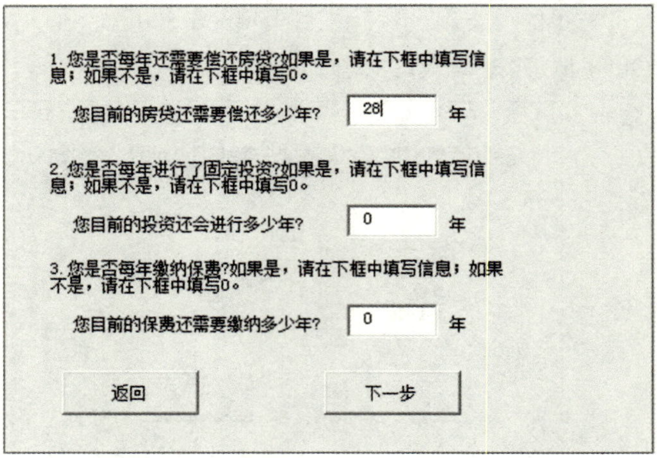

图5-13　现金流诊断第五步

孙先生："还要填啊？"

理财师："已经完成了。您看，这个界面中可以选看现金流诊断表，也可以选看现金流诊断图。您想看哪个？"

孙先生："我想都看下。"

理财师："我们先点'现金流诊断表预览'。您就可以看到现金流诊断表了。"（图5-14，表5-1）

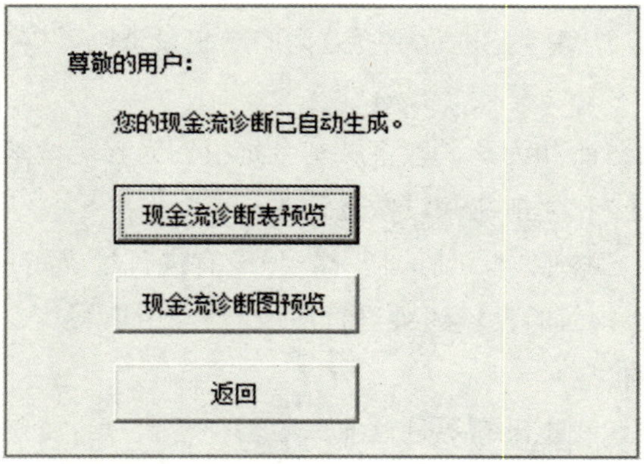

图5-14　现金流诊断第六步

表 5-1   **现金流诊断表**

项目	年数	0	1	2	3	4	5	6	7	8	9
	年份	2015	2016	2017	2018	2019	2020	2021	2022	2023	2024
孙先生	—	30	31	32	33	34	35	36	37	38	39
孙太太	—	27	28	29	30	31	32	33	34	35	36
长子(女)	—	1	2	3	4	5	6	7	8	9	10
次子(女)	—	0									
幼子(女)	—	0									
现金流入项	增长率										
男方收入	3%	164 000	168 920	173 988	179 207	184 583	190 121	195 825	201 699	207 750	213 983
女方收入	4%	80 000	83 200	86 528	89 989	93 589	97 332	101 226	105 275	109 486	113 865
男方社保	3%	0	0	0	0	0	0	0	0	0	0
女方社保	3%	0	0	0	0	0	0	0	0	0	0
其他收入		0	0	0	0	0	0	0	0	0	0
现金流入合计		244 000	252 120	260 516	269 196	278 172	287 453	297 050	306 974	317 236	327 848
现金流出项											
基本生活费	3%	66 000	67 980	70 019	72 120	74 284	76 512	78 807	81 172	83 607	86 115
首次大额支出		0	0	0	0	0	0	0	0	0	0
首次贷款还款		0	0	0	0	0	0	0	0	0	0
第2次贷款还款		0	0	0	0	0	0	0	0	0	0
第3次贷款还款		0	0	0	0	0	0	0	0	0	0
可减少的支出		0	0	0	0	0	0	0	0	0	0
房贷支出		51 324	51 324	51 324	51 324	51 324	51 324	51 324	51 324	51 324	51324
投资支出		0	0	0	0	0	0	0	0	0	0
其他支出	3%	10 000	10 300	10 609	10 927	11 255	11 593	11 941	12 299	12 668	13 048
保险费		0	0	0	0	0	0	0	0	0	0
现金流出合计		127 324	129 604	131 952	134 371	136 863	139 429	142 072	144 794	147 599	150 487
现金净流量		116 676	122 516	128 563	134 825	141 309	148 024	154 978	162 179	169 637	177 361
现金余额累计		146 676	269 192	397 755	532 580	673 890	821 914	976 892	1 139 072	1 308 709	1 486 070
金融资产合计	7%	0	0	0	0	0	0	0	0	0	0
金融资产+现金余额		146 676	269 192	397 755	532 580	673 890	821 914	976 892	1 139 072	1 308 709	1 486 070

项目	10	11	12	13	14	15	16	17	18	19	20
	2025	2026	2027	2028	2029	2030	2031	2032	2033	2034	2035
孙先生	40	41	42	43	44	45	46	47	48	49	50
孙太太	37	38	39	40	41	42	43	44	45	46	47
长子(女)	11	12	13	14	15	16	17	18	19	20	21
次子(女)											
幼子(女)											
现金流入项											
男方收入	220 402	227 014	233 825	240 840	248 065	255 507	263 172	27 1067	279 199	287 575	296 202
女方收入	118 420	123 156	128 083	133 206	138 534	144 075	149 838	155 832	162 065	168 548	175 290
男方社保	0	0	0	0	0	0	0	0	0	0	0
女方社保	0	0	0	0	0	0	0	0	0	0	0
其他收入	0	0	0	0	0	0	0	0	0	0	0
现金流入合计	338 822	350 171	361 907	374 045	386 599	399 582	413 010	426 899	441 264	456 123	471 492
现金流出项											
基本生活费	88 698	91 359	94 100	96 923	99 831	102 826	105 911	109 088	112 361	115 731	119 203
首次大额支出	0	0	0	0	0	0	0	1 000 000	0	0	0
首次贷款还款	0	0	0	0	0	0	0	0	0	0	0
第2次贷款还款	0	0	0	0	0	0	0	0	0	0	0
第3次贷款还款	0	0	0	0	0	0	0	0	0	0	0
可减少的支出	0	0	0	0	0	0	0	0	−18 000	−18 000	−18 000
房贷支出	51 324	51 324	51 324	51 324	51 324	51 324	51 324	51 324	51 324	51 324	51 324
投资支出	0	0	0	0	0	0	0	0	0	0	0
其他支出	13 439	13 842	14 258	14 685	15 126	15 580	16 047	16 528	17 024	17 535	18 061
保险费	0	0	0	0	0	0	0	0	0	0	0
现金流出合计	153 462	156 526	159 682	162 933	166 281	169 730	173 282	1 176 940	162 709	166 590	170 588
现金净流量	185 360	193 645	202 226	211 113	220 318	229 853	239 729	−750 041	278 555	289 532	300 904
现金余额累计	1 671 430	1 865 075	2 067 301	2 278 413	2 498 731	2 728 584	2 968 313	2 218 271	2 496 827	2 786 359	3 087 263
金融资产合计	0	0	0	0	0	0	0	0	0	0	0
金融资产+现金余额	1 671 430	1 865 075	2 067 301	2 278 413	2 498 731	2 728 584	2 968 313	2 218 271	2 496 827	2 786 359	3 087 263

续表

	21	22	23	24	25	26	27	28	29	30	31
项目	2036	2037	2038	2039	2040	2041	2042	2043	2044	2045	2046
孙先生	51	52	53	54	55	56	57	58	59	60	61
孙太太	48	49	50	51	52	53	54	55	56	57	58
长子(女)	22	23	24	25	26	27	28	29	30	31	32
次子(女)											
幼子(女)											
现金流入项											
男方收入	305 088	314 241	323 668	333 378	343 380	353 681	364 291	375 220	386 477	398 071	0
女方收入	182 301	189 594	197 177	205 064	213 267	221 798	230 669	239 896	0	0	0
男方社保	0	0	0	0	0	0	0	0	0	0	199 036
女方社保	0	0	0	0	0	0	0	0	115 335	115 335	115 335
其他收入	0	0	0	0	0	0	0	0	0	0	0
现金流入合计	487 390	503 834	520 845	538 443	556 646	575 479	594 961	615 116	501 811	513 406	314 370
现金流出项											
基本生活费	122 779	126 463	130 257	134 164	138 189	142 335	146 605	151 003	155 533	160 199	165 005
首次大额支出	0	0	0	0	0	0	0	0	0	0	0
首次贷款还款	0	0	0	0	0	0	0	0	0	0	0
第2次贷款还款	0	0	0	0	0	0	0	0	0	0	0
第3次贷款还款	0	0	0	0	0	0	0	0	0	0	0
可减少的支出	−18 000	−18 000	−18 000	−18 000	−18 000	−18 000	−18 000	−18 000	−18 000	−18 000	−18 000
房贷支出	51 324	51 324	51 324	51 324	51 324	51 324	51 324	0	0	0	0
投资支出	0	0	0	0	0	0	0	0	0	0	0
其他支出	18 603	19 161	19 736	20 328	20 938	21 566	22 213	22 879	23 566	24 273	25 001
保险费	0	0	0	0	0	0	0	0	0	0	0
现金流出合计	174 706	178 948	183 317	187 816	192 451	197 225	202 142	155 883	161 099	166 472	172 006
现金净流量	312 683	324 887	337 529	350 626	364 195	378 254	392 819	459 234	340 713	346 934	142 364
现金余额累计	3 399 946	3 724 833	4 062 362	4 412 988	4 777 183	5 155 437	5 548 256	6 007 490	6 348 202	6 695 136	6 837 500
金融资产合计	0	0	0	0	0	0	0	0	0	0	0
金融资产+现金余额	3 399 946	3 724 833	4 062 362	4 412 988	4 777 183	5 155 437	5 548 256	6 007 490	6 348 202	6 695 136	6 837 500

续表

项目	32	33	34	35	36	37	38	39	40		
	2047	2048	2049	2050	2051	2052	2053	2054	2055		
孙先生	62	63	64	65	66	67	68	69	70		
孙太太	59	60	61	62	63	64	65	66	67		
长子(女)	33	34	35	36	37	38	39	40	41		
次子(女)											
幼子(女)											
现金流入项											
男方收入	0	0	0	0	0	0	0	0	0		
女方收入	0	0	0	0	0	0	0	0	0		
男方社保	199 036	199 036	199 036	199 036	199 036	199 036	199 036	199 036	199 036		
女方社保	115 335	115 335	115 335	115 335	115 335	115 335	115 335	115 335	115 335		
其他收入	0	0	0	0	0	0	0	0	0		
现金流入合计	314 370	314 370	314 370	314 370	314 370	314 370	314 370	314 370	314 370		
现金流出项											
基本生活费	169 955	175 054	180 306	185 715	191 286	197 025	202 936	209 024	215 294		
首次大额支出	0	0	0	0	0	0	0	0	0		
首次贷款还款	0	0	0	0	0	0	0	0	0		
第2次贷款还款	0	0	0	0	0	0	0	0	0		
第3次贷款还款	0	0	0	0	0	0	0	0	0		
可减少的支出	-18 000	-18 000	-18 000	-18 000	-18 000	-18 000	-18 000	-18 000	-18 000		
房贷支出	0	0	0	0	0	0	0	0	0		
投资支出	0	0	0	0	0	0	0	0	0		
其他支出	25 751	26 523	27 319	28 139	28 983	29 852	30 748	31 670	32 620		
保险费	0	0	0	0	0	0	0	0	0		
现金流出合计	177 706	183 577	189 625	195 854	202 269	208 877	215 684	222 694	229 915		
现金净流量	136 664	130 793	124 745	118 517	112 101	105 493	98 687	91 676	84 455		
现金余额累计	6 974 164	7 104 957	7 229 702	7 348 219	7 460 320	7 565 813	7 664 500	7 756 176	7 840 632		
金融资产合计	0	0	0	0	0	0	0	0	0		
金融资产+现金余额	6 974 164	7 104 957	7 229 702	7 348 219	7 460 320	7 565 813	7 664 500	7 756 176	7 840 632		

孙先生："这个表看起来这么复杂，是什么意思呢？"

理财师："这个表列示了您从现在起一直到第40年的家庭现金流入和现金流出的状况。我们重点查看倒数第四行现金净流量和倒数第一行金融资产和现金余额的合计值。如果倒数第四行现金净流量小于0，意味着当年您需要用之前家庭的积累来弥补当年的现金流量缺口。如果倒数第一行金融资产和现金余额的合计值小于0，意味着当年您的家庭财务资源将无法应对大额支出。"

孙先生："那我这40年里有缺口吗？"

理财师："您可以自己来看一下，先看倒数第四行的现金净流量是否有负数。"

孙先生："我看到有1年是负数啊，是−750 041元。"

理财师："您再看看是哪1年？"

孙先生："是第17年。"

理财师："对的，第17年就是您要准备教育资金的那一年。您看，这一年您有大额支出100万元。"

孙先生："可是这100万元也不需要一次性支付呀。"

理财师："您说得对。这100万元可以分成4年支付，但您考虑选择学校的时候是否就得准备好这笔资金呢？有了充足的资金准备，您在为孩子选择学校时才不会受财力的限制，对吗？"

孙先生："这倒是。不管什么时候支付学费，我都需要先准备好这笔资金。"

理财师："从您的家庭现金流来看，出现缺口的时间就在您孩子读大学的时间。不过我们再看下倒数第一行金融资产和现金余额的合计值是否有负数？"

孙先生："我没有看到有负数。"

理财师："是的。这说明您的家庭完全可以通过自身积累的财务资源来筹备100万元的教育费用。不过，这是没有考虑您长期保障、退休养老情况下的现金流。如果将长期保障和退休养老考虑进来，情况会有所变化。我们看完综合规划后再回头来看现金流的变化。"

孙先生："我还想看看现金流诊断图。"

理财师："现金流诊断表看起来有点复杂，但每个数字都是清晰的。我们也可以选择查看现金流诊断图，这样可以一目了然地看到缺口。现金流诊断图中有两个图，一个是家庭现金净流量图，另一个是家庭金融资产和现金余额图。您先看家庭现金净流量图。"（图5-15）

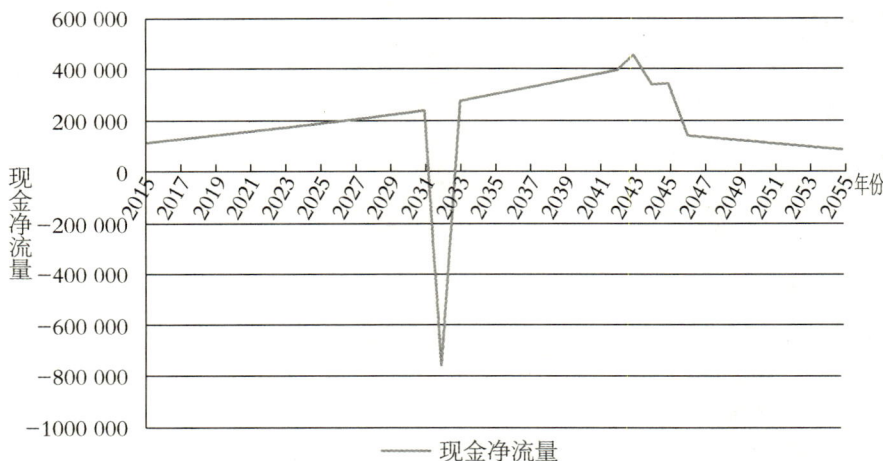

图5-15　家庭现金净流量图（单位：元）

孙先生："啊，在2032年有一个大缺口！"

理财师："是的，这一年刚好是您的孩子读大学的时候。"

孙先生："还是看图能让人一眼明了。"

理财师："您还可以看下家庭金融资产和现金余额图。"（图5-16）

孙先生："这个图有三个图标，但怎么只有两条线？"

理财师："由于您没有进行过金融资产的投资，所以'现金余额累计'（红色线条）与'金融资产+现金余额'（黄色线条）两条线重合了，而'金融资产合计'这条线一直处于0的位置。按照您现在的生活方式，您未来的现金资产可突破400万元。当然，随着您的家庭财务资源的增加，您的生活方式也会发生变化。因此，每年定期诊断有助于根

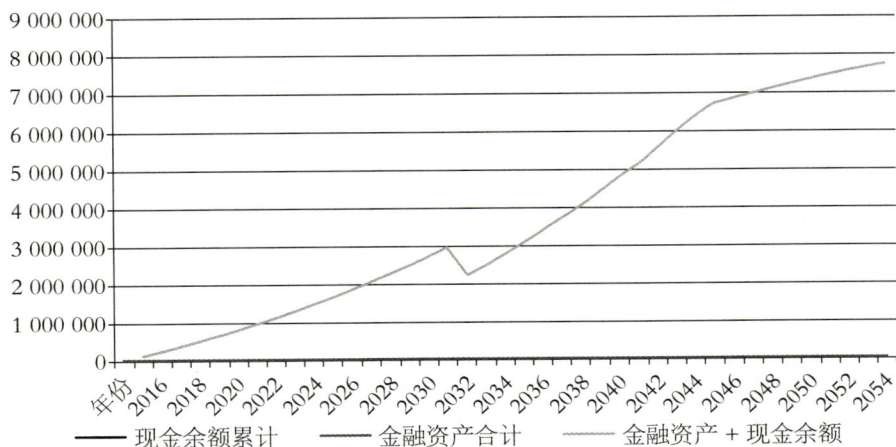

图5-16　家庭金融资产和现金余额图(单位：元)

据您的家庭财务资源的变化重新进行规划，以提高生活质量和实现更多的目标。"

孙先生："这两个图真好，我看一眼就知道我未来的情况了。"

理财师："是的。接下来，我们可以看下系统给您做的理财建议书了。"

理财建议书

掌管财富,
实现梦寐以求的人生!

敬呈尊贵的孙先生/女士

高级理财顾问

联系方式

设计日期

网址

一、家庭财务状况诊断

资产负债表提供了您的家庭财务资源的状况。

表1   **资产负债表**

资产	金额(元)	占比	负债	金额(元)	占比
现金和活期存款	30 000	1.96%	房屋贷款	650 000	86.67%
定期存款	0	0.00%	购车贷款	0	0.00%
债券	0	0.00%	信用卡贷款	0	0.00%
基金	0	0.00%	其他贷款	100 000	13.33%
股票	0	0.00%			
黄金	0	0.00%			
自用房产	1 500 000	98.04%			
投资性房产	0	0.00%			
家用车	0	0.00%			
收藏品和其他	0	0.00%			
资产总计	1 530 000	100.00%	负债总计	750 000	100.00%
家庭净资产	780 000	50.98%	负债/总资产	750 000	49.02%

从家庭资产负债表来看,您的家庭资产配置如下图所示:

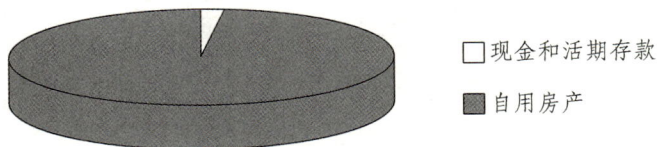

□ 现金和活期存款
▨ 自用房产

图1 家庭资产配置图

您的家庭负债占资产的比重为**49.02%**,表明您的家庭财务较安全,风险评级为中等风险。

您正处于家庭成长期。这一阶段里,家庭成员的年龄都在增长,最大开支是保健医疗费、学前教育、智力开发费用。同时,随着子女的自理能力增强,父母精力充沛,又积累了一定的工作经验和投资经验,投资能力大大增强。

根据您的生命周期,对高风险资产和低风险资产的配置比例建议如下:

低风险资产 30%　　　高风险资产 70%

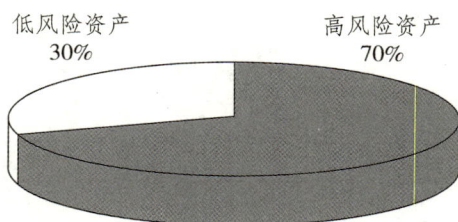

图2　对高风险资产和低风险资产的配置比例建议

收入支出表提供了您家庭每月的财务资源状况和每年的节余状况。

表2 **收入支出表**

月收入	金额（元）	占比	月支出	金额（元）	占比
男方月收入	12 000	66.67%	男方月生活支出	2 000	20.46%
女方月收入	6 000	33.33%	女方月生活支出	2 000	20.46%
			孩子月生活支出	1 500	15.34%
房租收入	0	0.00%	月房租支出	0	0.00%
理财收入	0	0.00%	月房贷还款	4 277	43.75%
			月家用车支出	0	0.00%
男方年奖金	20 000		投资月支出	0	0.00%
女方年奖金	8 000		保险年支出	0	
其他年收入	0		其他年支出	10 000	
月收入总计	18 000	100.00%	月支出总计	9 777	100.00%
年收入总计	244 000		年支出总计	127 324	
月节余	8 223				
年节余(加回投资月支出)	116 676		留存比例		47.82%

　　从您的家庭目前收入支出情况来看，夫妻两人的月总收入18 000元。其中，男方的月收入为12 000元，占比66.67%，女方的月收入为6 000元，占比33.33%。

　　从家庭收入构成可以看到，男方是主要家庭经济支柱。

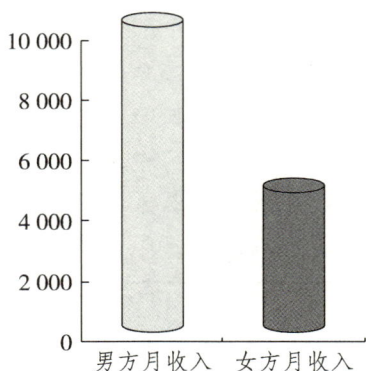

图3　家庭收入构成图（单元:元）

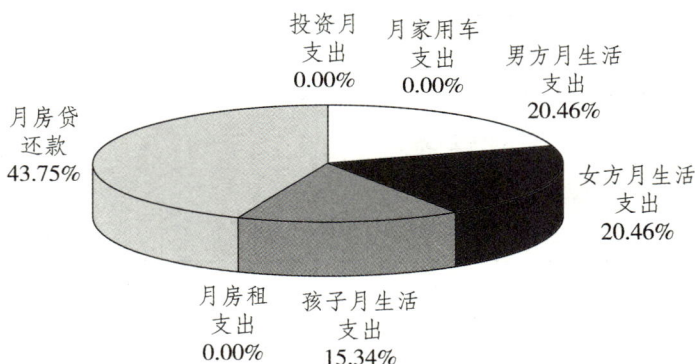

图4　家庭支出构成图

目前您的家庭月总支出为 9 777 元，其中，月日常生活支出为 5 500 元，占比 56.25%，月房贷还款支出为 4 277 元，占比 43.75%。家庭月日常支出占月收入比重为 30.56%，低于 50%，表明您的家庭控制开支能力较强，家庭储蓄能力较高。

您的家庭月房贷还款支出占月收入的比重为 23.76%，低于 40%，表明您的家庭财务风险较低，处于较为安全的水平。

从年节余来看，您的家庭每年可节余 116 676 元，留存比例为 47.82%，您的家庭储蓄能力较好。储蓄能力是未来财富增长的关键。

二、理财规划

一个完整的家庭财务规划包含应急准备、长期保障、子女教育、退休养老四个基本规划。只有在做好了这四个基本规划的基础上再进行房产规划、投资规划等才使家庭财务有健康的根基。

1.应急准备规划

表3   **现金规划测算表**

您家庭每月的生活费用	5 500 元
您家庭每月需要偿还的房贷	4 277 元
您希望准备几个月的应急资金	6 个月
您应准备的应急资金合计为	58 662 元

做好应急准备是应付家庭紧急情况的重要措施。对于您的家庭来说，需要准备58 662元作为应急资金。您可以将其中的50%以活期存款方式保留，另外50%以货币基金的形式保留。

2.长期保障规划

表4   **长期保障规划测算表**

男方信息		女方信息	
年收入	164 000元	年收入	80 000元
是否有社保	有	是否有社保	有
已购保险保额	0元	已购保险保额	0元
年缴保费	0元	年缴保费	0元
希望保障未来年限	5年		
不考虑房贷的情况下：			
保额缺口为	-820 000元	保额缺口为	-400 000元
您尚未偿还的房贷	650 000元		
负担的房贷比例	50%	负担的房贷比例	50%
考虑房贷的情况下：			
保额缺口为	-1 145 000元	保额缺口为	-725 000元
按照双十原则,保费支出应控制在年收入的10%～15%以内,根据您的家庭情况,			
目前男方支出的保费占男方年收入的			0.00%
男方还可以增加保费			16 400～24 600元
目前女方支出的保费占女方年收入的			0.00%
女方还可以增加保费			8 000～12 000元

从表 4 中可以看到，孙先生的年收入为 16.4 万元，不考虑覆盖房贷偿还风险，保障未来 5 年需要的保额为 82 万元；考虑覆盖房贷偿还风险，保障未来 5 年需要的保额为 114.5 万元。孙太太的年收入为 8 万元，不考虑覆盖房贷偿还风险，保障未来 5 年需要的保额为 40 万元；考虑覆盖房贷偿还风险，保障未来 5 年需要的保额为 72.5 万元。建议孙先生配置 110 万元保额的商业保险，孙太太配置 70 万元保额的商业保险。孙先生的保费支出为 16 400～24 600 元，孙太太的保费支出为 8 000～12 000 元。商业保险以重大疾病险、寿险、意外险进行组合搭配。

3. 子女教育规划

表 5   子女教育规划测算表

参数设定	
通货膨胀率	3%
年均投资收益率	7%
家庭基本信息	
您有子女	1 个
您的长子(女)年龄	1 岁
您希望为长子(女)准备的教育金	1 000 000 元
这笔教育金您准备长子(女)几岁时动用	18 岁
不考虑通胀您需要为长子(女)每月投资	2 563 元
考虑通胀您需要为长子(女)每月投资	4 237 元

您目前有 1 个孩子，您希望为他准备 100 万元的教育金，留给他 18 岁时动用。如果不考虑学费上涨的因素，则您每月需要为孩子投资 2 563 元，按 7% 的年均投资收益率，可以达成您储备教育金的理财目标。如果考虑学费按年通货膨胀率 3% 上涨，那么实现这一理财目标，您需要每月为孩子投资 4 237 元。

您可以选择定投基金，也可以选择少儿教育险来为孩子储备教育金。

如果您打算选择定投基金，又不知道该如何选择，可参考招宝理财网的基金诊断，或在招宝理财网中的理财诊所免费提问。

4.养老规划

表6   **养老规划测算表**

家庭基本信息	
男方年龄	30岁
女方年龄	27岁
家庭每月生活费用	4 000元
参数设定	
通货膨胀率	3%
年均投资收益率	7%
人均寿命	80岁
养老规划信息	
男方退休时家庭每月的生活费用	9 709元
女方退休时家庭每月的生活费用	9 152元
男方还将继续工作的年份(以男方60岁退休计算)	30年
女方还将继续工作的年份(以女方55岁退休计算)	28年
您的家庭养老费用需要准备	2 745 513元
您打算自己筹备其中的	50%
为准备这笔养老费用,您可以每月通过定期投资的方式进行储备,每月定投金额为	1 322元

社保是最基础的保障，能够保障您在退休后有基本的生活费用。但如果您希望未来的退休生活有较高的质量，则需要未雨绸缪，提前做好上述退休准备。您家庭目前每月生活所需的费用为4 000元，按寿命80岁来计算，退休时需要筹备的养老费用为2 745 513元。如果其中的50%可以依靠社会保险支付的养老金满足，另外50%需要自行筹备的话，您的家庭可

以每月投资 1 322 元用于储备养老金。您可以通过定投基金或购买投连险的方式来进行上述投资储备充足的养老费用。

5.基本规划做好后的收入支出表

表7 　　　　　　　　　　　　　　　　收入支出表

月收入	金额(元)	占比	月支出	金额(元)	占比
男方月收入	12 000	66.67%	男方月生活支出	2 000	13.04%
女方月收入	6 000	33.33%	女方月生活支出	2 000	13.04%
			孩子月生活支出	1 500	9.78%
房租收入	0	0.00%	月房租支出	0	0.00%
理财收入	0	0.00%	月房贷还款	4 277	27.89%
			月家用车支出	0	0.00%
男方年奖金	20 000		投资月支出	5 558	36.25%
女方年奖金	8 000		保险年支出	24 400	10.00%
其他年收入	0		其他年支出	10 000	4.10%
月收入总计	18 000	100.00%	月支出总计	15 335	100.00%
年收入总计	244 000		年支出总计	218 424	
月收支平衡	2 664		年收支平衡	25 576	

恭喜您，在做好四个基本规划之后您还有财务资源节余，您可以咨询您的理财师如何用节余的财务资源进行投资规划。

本次规划是根据您目前的财务状况做出的，建议您每年重新检视您的财务状况，并适当调整规划，以使您尽快掌管财富，达成财务自由！

孙先生："这份规划书看起来比较详细啊。您能告诉我怎么看吗？"

理财师："这份规划书分成两个部分。第一个部分是对您的家庭财务状况进行诊断。第二个部分是对您的理财目标进行规划。"

孙先生："我从家庭资产负债表的诊断结果中看到我家的财务风险处于中等风险，这是为什么呀？"

理财师："您看，您家庭的资产负债率都达到49%了，快超过50%了。这说明您的家庭资产中有一半是靠负债获得的。如果您的资产缩水50%以上，您就会资不抵债了。这就是财务风险呀。"

孙先生："资产怎么可能缩水50%呢？"

理财师："您的资产中主要是房屋。别看房价现在还在涨，但如果房地产泡沫破灭的话，跌50%都是正常现象了。金融危机中美国很多房产下跌都超过50%了，再加上金融危机导致的失业，美国很多家庭都陷入破产境地。"

孙先生："那有什么办法呢？"

理财师："您目前的状况属于中等风险，是可控的。随着您偿还部分贷款，风险会降低。所以您目前还不用过度担心。但有一点，我建议您购买商业保险来覆盖房贷的风险。"

孙先生："是购买房屋保险？"

理财师："不是的。是为您自己购买商业保险，以防止意外情况下无收入来源偿还房贷。"

孙先生："哦。有道理。"

理财师："您看，从收入支出表中可以看出您是家庭的经济支柱，所以更需要通过加强对自己的保障来维护家庭财务安全。"

孙先生："以前我觉得保险没有什么用，看来得改变一下观念了。"

理财师："其实保险对于孩子刚出生的家庭特别重要。因为大多数处于这个阶段的家庭既有房贷要还，又有孩子要抚养，所以给自己买保险，就相当于给家庭构筑了一道防火墙。即使出现意外情况，也能从容应付，而且保险费用只占年收入的10%，用较少的资金就可以为家庭做一个比较好的保障，这样您其他的财务资源就可以释放出来进行投资了。"

孙先生："您所说的确实是个很新的观念。没有了后顾之忧，生活才会变轻松。"

理财师："资产负债表反映的是您目前的财务资源。您还可以看您的每月支出和节余情况，收入支出表帮您了解您未来的财务资源。从您家的收入支出表来看，家庭月总支出为 9 777 元。其中，日常生活支出为 5 500 元，占比 56.25%，月房贷还款支出为 4 277 元，占比 43.75%。从您家的支出情况来看，房贷在您家的支出中占据了较大的比重。不过，从支出与收入的对比来看，您的家庭日常支出占月收入比重为 30.56%，低于 50%，表明您的家庭控制开支能力较强，家庭储蓄能力较高。而您的家庭月房贷还款占月收入的比重为 23.76%，低于 40%，表明您的家庭财务风险较低，处于较为安全的水平。从年节余来看，您的家庭每年可节余 116 676 元，留存比例为 47.82%，您的家庭储蓄能力较好。所以未来的财务状况会越来越好。"

孙先生："那我第一年就可以将借来的 10 万元钱还掉了。"

理财师："是的。从您的年节余来看，第一年有能力偿还这 10 万元。偿还这笔款项的好处是降低了您的家庭负债率，从而降低了您家庭的财务风险，但也会使您的其他规划推迟一年。我们可以先看完整个规划，然后再来分析。"

孙先生："推迟一年没有关系吧？"

理财师："这要看是否有足够的财务资源在未来进行补充。如果没有未来的财务资源补充的话，让您的孩子推迟一年读大学是不可以的吧。"

孙先生："那肯定不行。"

理财师："呵呵，就是嘛。要用钱的时候是不能等的。我们先继续看规划。在做了诊断分析后，规划书对您的应急准备、长期保障、子女教育、退休养老四个方面做了测算。对于您的家庭来说，需要准备 58 662 元作为应急资金。您目前的存款只有 3 万元，不足以应付应急的需要。按你的月节余 8 223 元来计算，您需要用 4 个月时间将应急资金筹备足，然后可以将其中的 50% 以活期存款方式保留，另外 50% 以货币基金的形式保留。"

孙先生："那我就没有钱还 10 万元借款了。"

理财师："是的。如果可以的话，您可以选择分两年偿还。当然，如果您的亲戚急需用钱，您也可以暂时将您的应急资金用来偿还，不过这加大了您家庭的短期财务风险。"

孙先生："没想到这里头的学问还真大。"

理财师："一般情况下短期财务风险虽有，但不一定会出现。不过万一出现的话，家庭也会陷入窘境的。具体怎么决策，还是您拿主意。我只是给您提供建议。"

孙先生："我就按您说的建议办，分两年偿还。如果亲戚万一要急用钱，我就用应急资金来偿还。"

理财师："我们再来看看您的长期保障情况。您的年收入有 16.4 万元。如果不考虑覆盖房贷偿还风险，保障未来 5 年需要的保额为 82 万元。但就像我之前指出的，您的家庭负债比例较高，因此建议您也考虑覆盖房贷偿还风险。由于您和您太太各自负担房屋贷款的 50%，即 32.5 万元，加上这一部分，您保障未来 5 年需要的保额为 114.5 万元。同样，您太太的年收入为 8 万元，不考虑覆盖房贷偿还风险，保障未来 5 年需要的保额为 40 万元；考虑覆盖房贷偿还风险，保障未来 5 年需要的保额为 72.5 万元。建议您配置 110 万元保额的商业保险，您太太配置 70 万元保额的商业保险。您的保费支出控制在 16 400～24 600 元，您太太的保费支出控制在 8 000～12 000 元。"

孙先生："我买什么样的保险呢？"

理财师："您看，这里已经告诉您了，商业保险以重大疾病险、寿险、意外险进行组合搭配。"

孙先生："我怎么搭配呢？"

理财师："在这一方面，您可以寻求保险代理人的帮助。建议您挑选几家知名的保险公司，找他们的代理人帮您做组合搭配。如果您不知道如何选择最好的搭配，您还可以回头来找我咨询。我只负责帮您提供如何选择的建议，具体的决策仍需要您自己来做。"

孙先生："哦。我明白了。这就是顾问的作用吧。我喜欢这样的方式。"

理财师："我们接着再看子女教育规划。您的孩子现在刚出生，您希望为他准备 100 万元的教育金，留给他 18 岁时动用。如果我们不考虑学费上涨的因素，则您每月需要为孩子投资 2 563 元，按 7% 的年均投资收益率，可以达成您储备教育金的理财目标。如果考虑学费按年通货膨胀率 3% 上涨的因素，那么实现这一理财目标，您需要每月为孩子投资 4 237 元。"

孙先生："是用基金定投的方式吗？"

理财师："您可以选择定投基金，也可以选择少儿教育险来为孩子储备教育金。"

孙先生："基金定投我以前做过，但亏了不少，后来就赎回了。"

理财师："您什么时候开始做的基金定投呢？"

孙先生："好像是 2007 年下半年。"

理财师："那您什么时候赎回的呢？"

孙先生："2008 年下半年就赎回了。"

理财师："您的时机选得不对。您开始定投的时候股票市场已经到了高位，而您赎回的时候股票市场却在低位，难怪您会亏钱了。"

孙先生："那应该怎么选择时机呢？"

理财师："您应该在股票市场低迷的时候进行定投，并且要坚持到股票市场上涨的时期。"

孙先生："我怎么判断股票市场是低迷还是上涨？"

理财师："其实低迷是很容易判断的。当经济环境不好的时候，股票市场就会进入低迷。这个时期也会比较长，而这个时期却是以较低成本买入基金和股票的时机。当经济环境变好时，股票市场会上涨。但股票市场上涨的时期比下跌的时期通常要少，所以能坚守到这个时期又能赚钱的人不多。如果您能在低迷时期用定投的方式买入基金，到股票市场上涨时就能收获较高的收益了。"

孙先生："那会亏损吗？"

理财师："初期会出现亏损，因为初期投资下去的资金在经济低迷期是很难获得收益的。但如果你等到经济环境变好时再投资，您的投资成本也就高了。"

孙先生："那我现在要开始定投吗？"

理财师："现在的经济处于低迷期，适合定投。也许您是幸运的，通过几年的定投积累后，一旦股票市场上涨，您的投资很有可能不用等到孩子18岁就已经完成100万元的理财目标了。"

孙先生："那如果我已经达成100万元的目标，我应该取出来还是继续放着？"

理财师："在提前达成目标的情况下，您应赎回基金，并将达成目标的资金转换成货币基金，以保证在孩子18岁时有这笔教育金供其使用。"

孙先生："哦，我明白了。就是在我要耐心等候目标的实现，并在达到目标时我就赎回来。"

理财师："是的。从18年来看，这么长的年限足够保证您的目标能实现了。"

孙先生："我就担心我坚持不了这么久呢？"

理财师："我建议您单独开设一个账户。这个账户专门用于您的孩子教育金的积累。除非在极端情况下，这个账户在孩子18岁前不应该动用。这也算是给孩子准备的一份最珍贵的礼物吧。"

孙先生："您说得很对啊，想想以后孩子读书的样子就很幸福呢。"

理财师："您可以采用同样的方式来准备你们两位的养老金。您可以看下您的养老规划。您现在离60岁退休还有30年时间，您的太太离退休还有28年时间。我们在计算您需要储备好退休金的时间是以谁先退休为标准的。您太太比您先退休，所以在您太太退休时就应准备好退休金了。你们现在的月生活费用为4 000元，按3%的通货膨胀率，在您太太退休时，也就是28年后，你们按现在的生活标准计算的生活费用需要9 152元。按人均寿命80岁计算，您太太生活至80岁时你们的养老费用共需要274万元。假设其中的50%可以由社保提供，另外50%自己筹集，你们可以每个月定投 1 322 元。"

孙先生："只需要每个月投资 1 322 元？"

理财师："是的。"

孙先生："这比子女教育投资要少很多啊？"

理财师："那是因为子女教育费用的筹备时间只有 18 年，而养老费用的筹备时间有 28 年呢。而且退休养老费用只需要筹备 137 万元，平摊到每个人，只有 68.5 万元，比子女教育费用 100 万元要少很多呢。"

孙先生："啊！看来孩子的教育比养老还重要啊！"

理财师："中国家庭一般都很看重孩子的教育，所以也愿意在孩子身上多投资。孩子毕竟是家庭的未来。"

孙先生："也是。我周围的朋友大多都和我抱有同样的想法。以后我把你说的这些方法也告诉我的朋友们，让他们多多受益。"

理财师："其实传播正确的理念挺重要的。以前我也有很多错误的观念，还好较早学习了理财知识，纠正了以前的许多错误。尽管我现在也并不富裕，但我现在觉得生活很轻松，很美好。"

孙先生："是的，观念确实很重要。您改变了我的很多观念。"

理财师："对于养老的问题，还有一点要说明。我们在测算您的养老费用时，是用您现在的生活标准。您的生活随着您的收入的增加也会发生改变。所以这次做的规划只是基于您目前的状况，而未来建议您每年都做一个财务检视。如果有比较重要的变化，就需要对理财规划进行调整。"

孙先生："哦，我正想问这个问题呢。我们现在每个月花费 4 000 元，但现在的生活水平并不太高。我还想退休后去周游世界呢。"

理财师："以后您的生活质量提升了，规划会跟着调整的。我们可以来看下做好上述规划后，您的收入支出表发生了什么变化。您看，在规划后的收入支出表中您家的投资月支出增加了 5 558 元，月支出总额变为 15 335 元。月收入减去月支出后的余额为 2 664 元，表明在做好上述规划后，您家每月还有节余，不会对您的生活造成任何影响。"

孙先生："不算不知道啊，算了之后发现原来我们还可以做这么多投资啊。"

理财师:"这就是规划的作用之一啊。实际上是将您的财务资源进行了更好的配置。我们再来看看您的年支出。从规划后的收入支出表来看,您家的保险年支出增加了 24 400 元。加上您之前的子女教育和养老增加的月投资金额,您的年支出总额增加到 218 424 元。年收入减去年支出后的余额为 25 576 元,说明您的家庭财务资源足以满足您的上述规划需求。"

孙先生:"太好了。您的意思是按照我家现在的经济状况,未来的子女教育、养老还有长期保障的问题都可以解决?"

理财师:"是的。"

孙先生:"那我每年还有节余怎么办?"

理财师:"您可以拿这些钱来做定投,补充子女教育资金或养老资金,也可以做旅游资金,提高生活质量。"

孙先生:"又是定投啊。有没有其他方式呢?"

理财师:"如果您愿意进行股票等投资的话,我也可以帮您做一个测试,并给您建议一个投资组合。"

孙先生:"我想试试。既然我的其他目标都满足了,我想用这部分钱来做点其他投资,看能否实现财富增值。"

理财师:"那好,我们先来测试您的风险承受能力。您可以点击'理财规划'进入这个界面。"(图5-17)

图5-17　理财规划的界面

孙先生："这里怎么有这么多个规划？"

理财师："这里包括各个单项规划和综合规划。如果您只想测试单项规划的话，您就只点击您想要测试的单项规划就可以了。"

孙先生："那我现在应该点哪个？"

理财师："您现在是想测算您剩余的资金应该做什么样的投资，所以您应该点'投资规划'"。

孙先生："哦，然后要做什么？"

理财师："点击后，会进入投资规划的第一步操作界面。里面有3个选项，分别是风险DNA测试、资产DNA测试、最优组合配置。投资规划的操作步骤就分成这三个步骤。我们首先从风险DNA测试开始。"（图5-18）

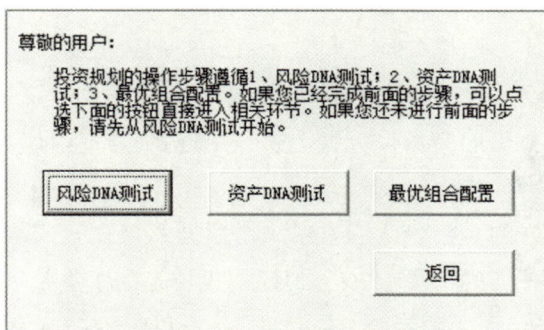

图5-18　投资规划的第一步操作界面

孙先生："什么是风险DNA？"

理财师："风险DNA就是指您的风险承受能力，系统会根据您对以下几个问题的回答给出一个评分，这个评分就是您的风险DNA。"

孙先生："哈，我还真想知道我的风险DNA是多少？"

理财师："我们先点击'风险DNA测试'，进入测试界面。一共只有8个问题，所以不会太耽误您的时间。您以前有投资过基金，对吗？"

孙先生："是的。"

理财师："我们从第一个问题开始吧。在您投资仅仅60天后，证

券价格即下跌了20%，假设基本面因素不变，你将会怎么做？"（图5-19）

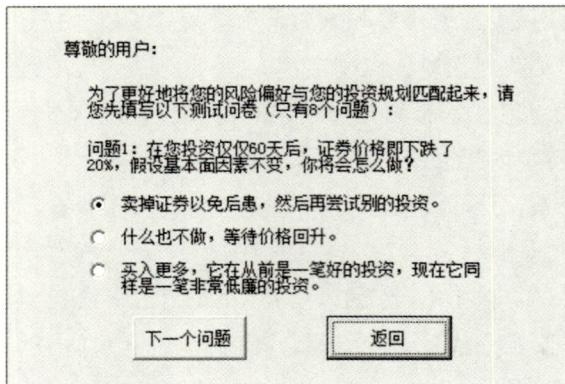

图5-19　风险DNA测试第一问

孙先生："什么是基本面因素？"

理财师："就是宏观经济环境等。"

孙先生："我可能会卖掉。我选第一个答案：卖掉证券以免后患，然后再尝试别的投资。"

理财师："好的。接着我们看第二个问题：现在我们从另一个角度来看第一题。您的投资下跌了20%，但这笔投资是为了满足三个不同时间段投资目标的资产组合中的一部分：如果这一目标是在5年后的目标，你会怎么做？"

孙先生："我会卖掉。"（图5-20）

理财师："好的。我们继续看下一个子问题。如果这一目标是在15年后，你会怎么做？"

孙先生："那我可以放着，不卖。选第二个答案。"（图5-21）

理财师："继续下一个问题。如果这一目标是在30年以后，你会怎么做呢？"

孙先生："当然还是不卖，不过我也不考虑再买。还是选第二个答案。"（图5-22）

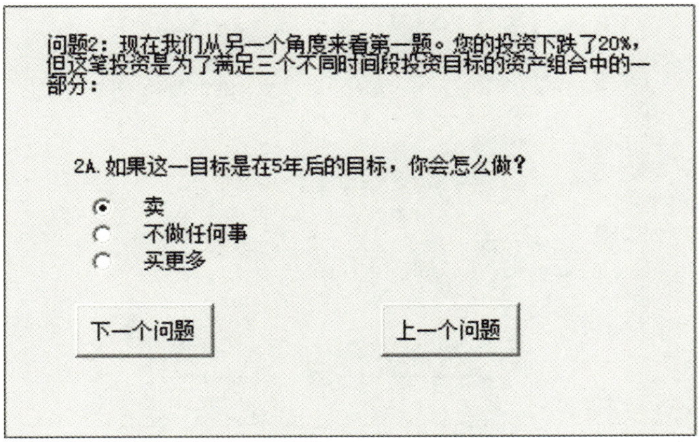

图5-20 风险DNA测试第二问之子问题A

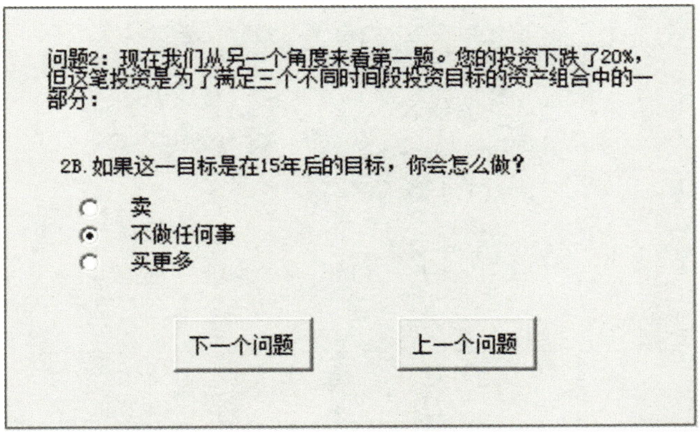

图5-21 风险DNA测试第二问之子问题B

理财师："接下来进入第三题：您的退休金投资在您购买之后一个月即上涨了25%，而且基本面没有变化，在您沾沾自喜之时，您会怎么做？"

孙先生："我应该会卖掉，锁定利润，我选第一个答案。"（图5-23）

理财师："第四个问题：您为您的退休进行投资，而您离退休还有15年，那么您愿意做何选择？"

孙先生："我选择第一个答案：投资于货币市场基金或有担保的投资合同，放弃可能的大量收益，但保证了本金的安全。我这个人比较保守啊。"（图5-24）

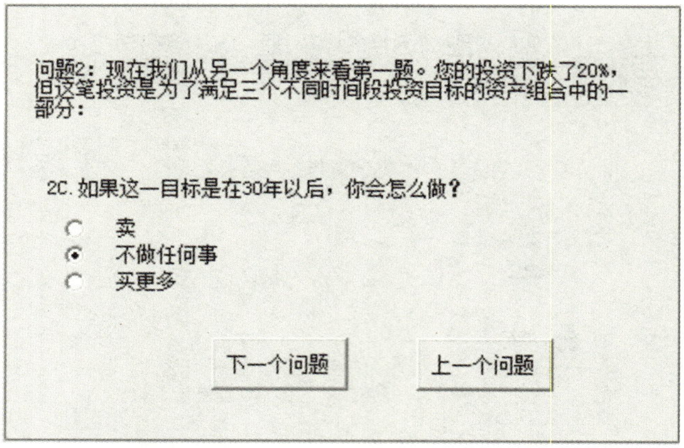

问题2：现在我们从另一个角度来看第一题。您的投资下跌了20%，但这笔投资是为了满足三个不同时间段投资目标的资产组合中的一部分：

2C.如果这一目标是在30年以后，你会怎么做？

○ 卖
◉ 不做任何事
○ 买更多

下一个问题   上一个问题

图 5-22   风险 DNA 测试第二问之子问题 C

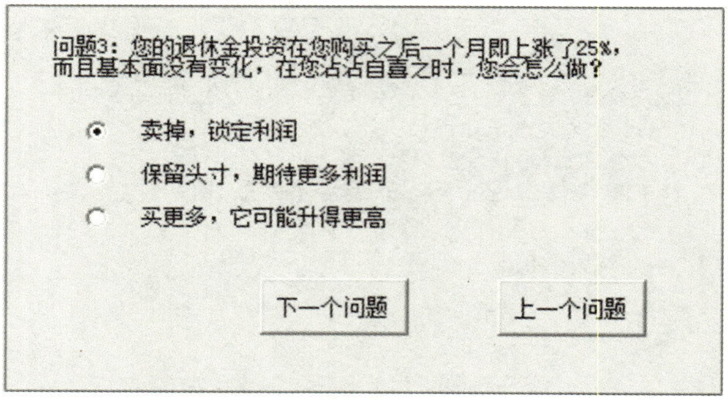

问题3：您的退休金投资在您购买之后一个月即上涨了25%，而且基本面没有变化，在您沾沾自喜之时，您会怎么做？

◉ 卖掉，锁定利润
○ 保留头寸，期待更多利润
○ 买更多，它可能升得更高

下一个问题   上一个问题

图 5-23   风险 DNA 测试第三问

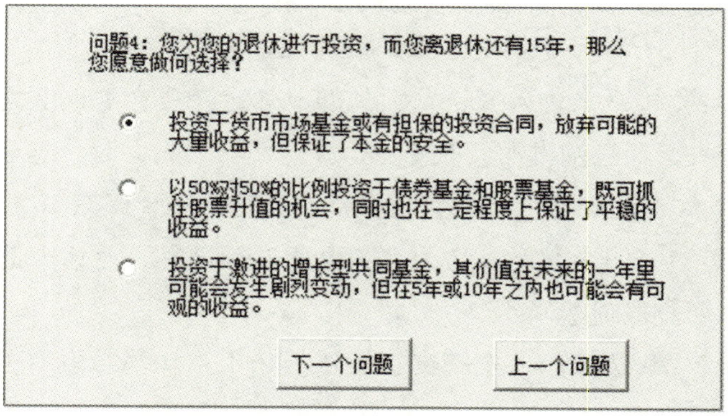

问题4：您为您的退休进行投资，而您离退休还有15年，那么您愿意做何选择？

◉ 投资于货币市场基金或有担保的投资合同，放弃可能的大量收益，但保证了本金的安全。

○ 以50%对50%的比例投资于债券基金和股票基金，既可抓住股票升值的机会，同时也在一定程度上保证了平稳的收益。

○ 投资于激进的增长型共同基金，其价值在未来的一年里可能会发生剧烈变动，但在5年或10年之内也可能会有可观的收益。

下一个问题   上一个问题

图 5-24   风险 DNA 测试第四问

理财师："第五个问题：您刚刚赢得了一个大奖，您可以选择以下三者中的一种方式进行投资，您愿意选择哪一种？"（图5-25）

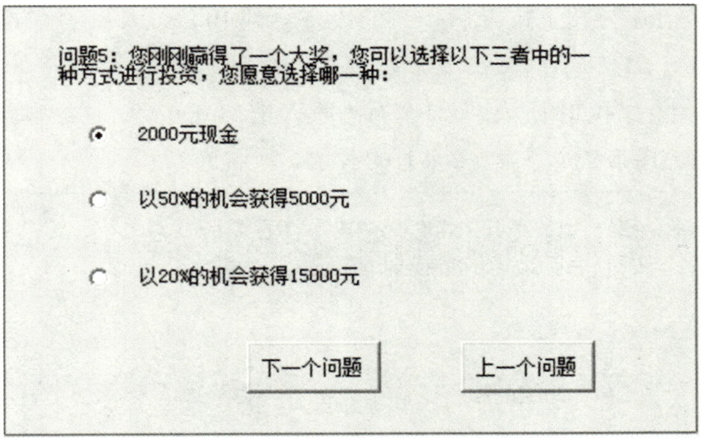

图5-25　风险DNA测试第五问

孙先生："我选择2 000元现金，第一个答案。"

理财师："第六个问题：一个很好的投资机会就在眼前，但您需要借钱去参与。那么，您会去借一笔贷款吗？"

孙先生："我也许会。选第二个答案。"（图5-26）

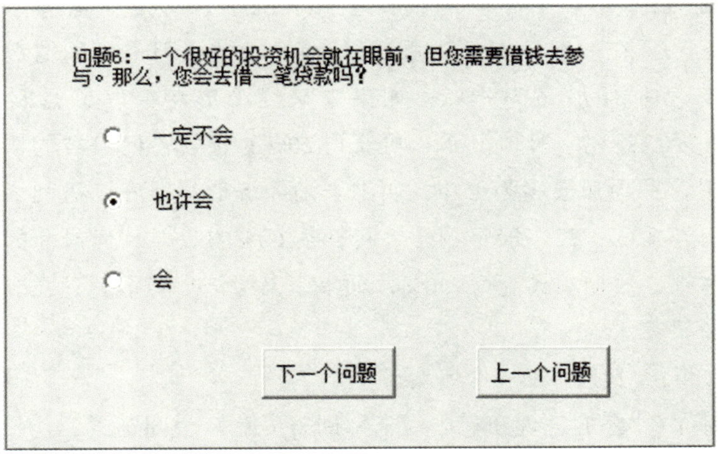

图5-26　风险DNA测试第六问

理财师:"第七个问题:您的公司正在卖股票给其雇员,管理层预计在3年之内公开上市。但上市之前,您不能卖掉您的股票,也没有红利。但在公司上市以后,您的投资会翻10倍。那么,您愿意投资多少?"

孙先生:"我想下啊。我2个月的收入是24 000元,这个风险我还能承受,我选择第二个答案:2个月的薪水。"(图5-27)

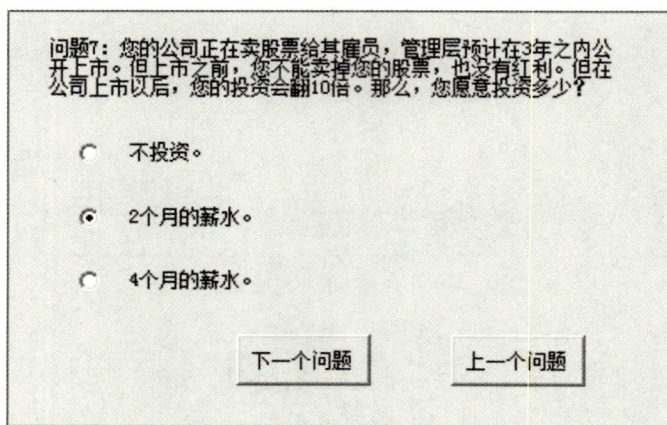

问题7:您的公司正在卖股票给其雇员,管理层预计在3年之内公开上市。但上市之前,您不能卖掉您的股票,也没有红利。但在公司上市以后,您的投资会翻10倍。那么,您愿意投资多少?

    ○ 不投资。

    ◉ 2个月的薪水。

    ○ 4个月的薪水。

    [下一个问题]   [上一个问题]

图5-27 风险DNA测试第七问

理财师:"最后一个问题:在下列情况下,您更愿意选择哪种投资?答案一:在一般情况下,可获得6%的收益;但最坏的情况出现时会亏损,亏损额最高为-1%;如果未来经济形势很好,盈利最高为10%。答案二:在一般情况下,可获得20%的收益;但最坏的情况出现时会亏损,亏损额最高为-5%;如果未来经济形势很好,盈利最高可达到50%。答案三:在一般情况下,可获得60%的收益;但最坏的情况出现时会亏损,亏损额最高为-30%;如果未来经济形势很好,盈利最高可达到70%。"

孙先生:"我选择第一个答案。"

理财师:"好的,现在您已经全部回答完这八个问题了。让我们来看看结果吧。点击'查看结果'。"(图5-28)

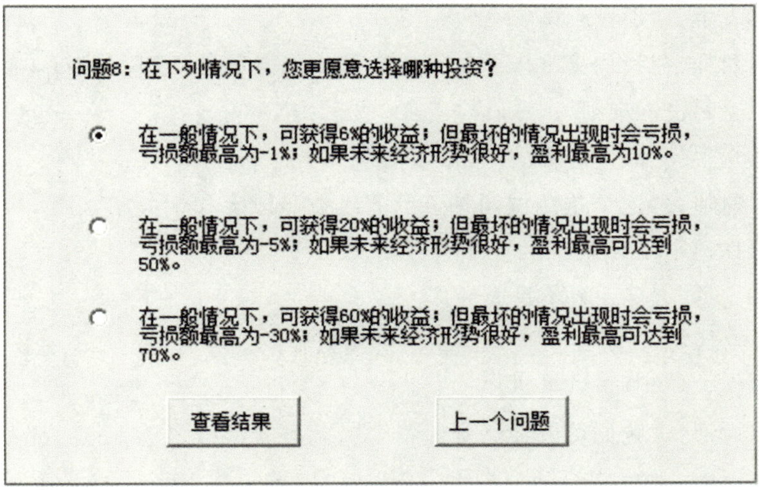

问题8：在下列情况下，您更愿意选择哪种投资？

- ● 在一般情况下，可获得6%的收益；但最坏的情况出现时会亏损，亏损额最高为-1%；如果未来经济形势很好，盈利最高为10%。

- ○ 在一般情况下，可获得20%的收益；但最坏的情况出现时会亏损，亏损额最高为-5%；如果未来经济形势很好，盈利最高可达到50%。

- ○ 在一般情况下，可获得60%的收益；但最坏的情况出现时会亏损，亏损额最高为-30%；如果未来经济形势很好，盈利最高可达到70%。

查看结果   上一个问题

图5-28　风险DNA测试第八问

孙先生："我的风险DNA是什么？"

理财师："您的风险DNA评分为2.41，属于保守型投资者。"（图5-29）

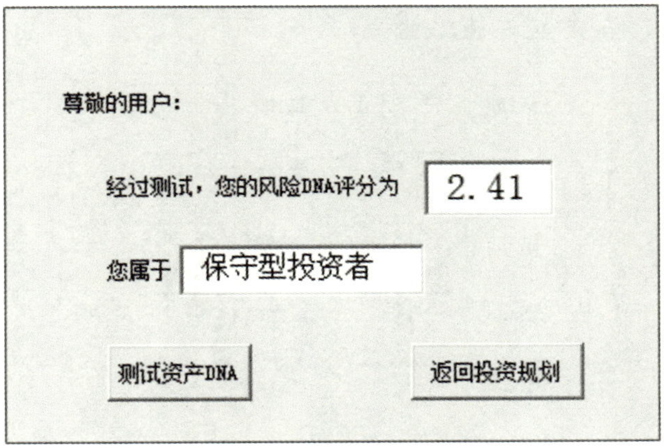

尊敬的用户：

经过测试，您的风险DNA评分为　2.41

您属于　保守型投资者

测试资产DNA   返回投资规划

图5-29　风险DNA测试结果

孙先生："是啊，我是很保守的，所以我没有进行多少投资。之前投资过的基金也都赎回来了。"

理财师："呵呵，从你回答问题的过程中我也判断出来了。"

孙先生："那我应该怎么做呢？"

理财师："我们接下来要做第二个测试，就是资产DNA测试。我们先点击'返回投资规划'，然后再点击'资产DNA测试'。"

孙先生："这个是测试什么的？"

理财师："这个是测试两种资产的收益、风险和相关性，用于针对您的风险DNA计算出最优的资产配置。"

孙先生："哦，我不是太懂。"

理财师："没关系。我可以帮您选两只股票，然后告诉您怎么操作。"

孙先生："哪两只股票？"

理财师："我们可以在酒类股票和医药类股票中各选一只，比如股票A和股票B，然后将这两只股票在过去12年或过去12个月的收益率输入到下面这两个对话窗口中。"（图5-30、图5-31）

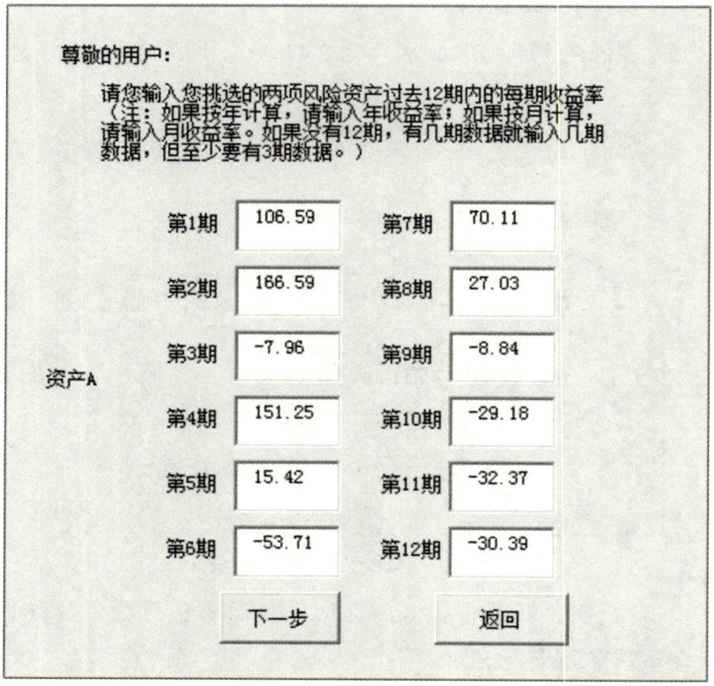

图5-30　资产A最近12期的收益率

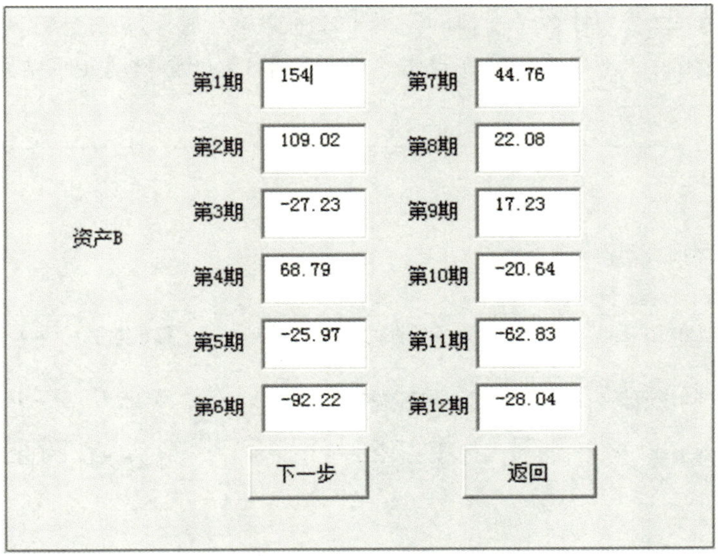

图 5-31 资产 B 最近 12 期的收益率

孙先生："然后呢？"

理财师："然后我们就可以进入下面这个界面了。"（图 5-32）

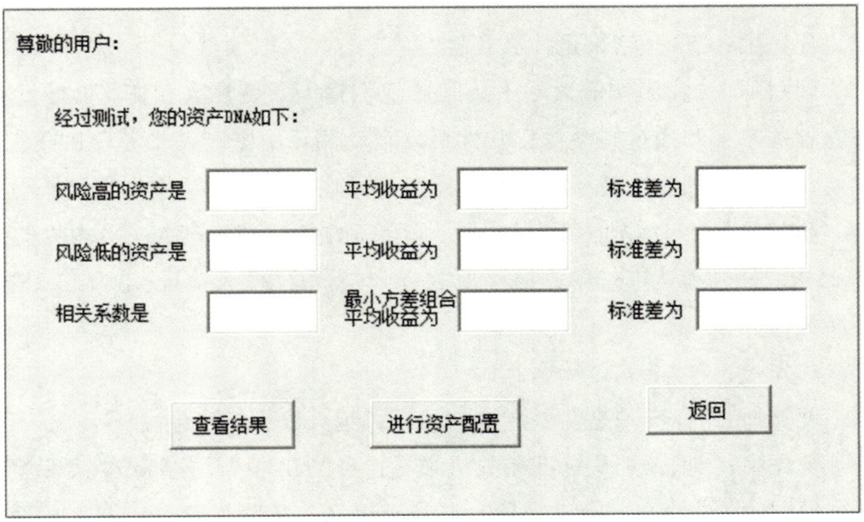

图 5-32 查看资产 DNA 的界面

孙先生："为什么是空白的？这里还需要填写吗？"

理财师："不用填写，您点击'查看结果'，就会自动显示结果。"（图5-33）

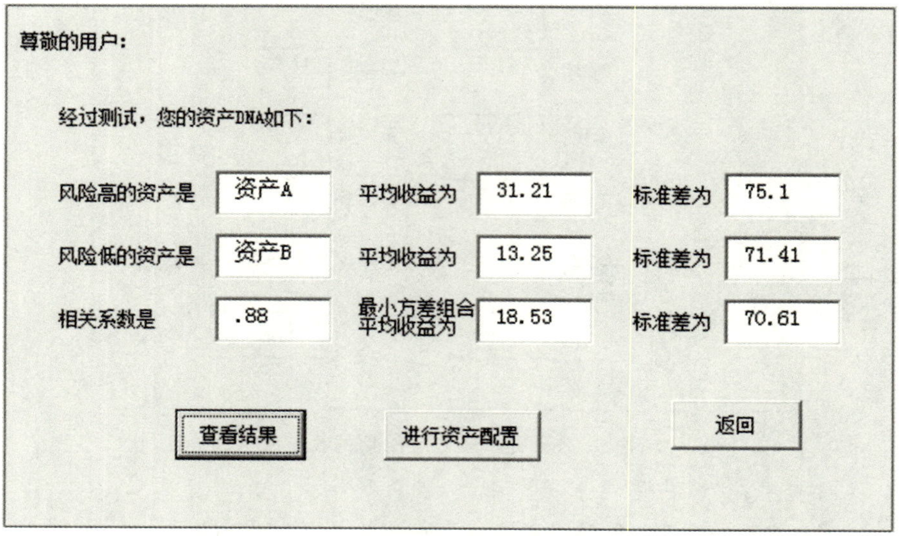

```
尊敬的用户：

    经过测试，您的资产DNA如下：

风险高的资产是    资产A      平均收益为   31.21      标准差为   75.1

风险低的资产是    资产B      平均收益为   13.25      标准差为   71.41

相关系数是         .88      最小方差组合 18.53      标准差为   70.61
                            平均收益为

         查看结果            进行资产配置                    返回
```

图 5-33 资产 DNA 分析结果

孙先生："这些结果是什么意思？"

理财师："我为您解读一下。刚才我们输入了资产 A 和资产 B 最近 12 期的收益率，利用这些数据，软件可以自动测算出资产 A 和资产 B 的平均收益、风险、相关性以及将资产进行组合风险最小时的平均收益和最小风险。我们看资产 DNA 的分析结果，风险高的资产是资产 A，平均收益为 31.21%，标准差为 75.1%，风险低的资产是资产 B，平均收益为 13.25%，标准差为 71.41%。"

孙先生："标准差是什么？"

理财师："标准差是衡量风险的指标，越大表示风险越高。"

孙先生："哦，那从标准差数值来看，资产 B 的风险比资产 A 要低。"

理财师："是的，所以风险高的资产是 A，风险低的资产是 B。两项资产的相关系数为 0.88。"

孙先生："相关系数是什么？"

理财师："相关系数就是看两项资产是否同涨同跌，其取值在-1和1之间。如果相关系数为正而且接近1，表示资产A和资产B股价变动的同步性很强；如果相关系数为负而且接近-1，表示资产A上涨的时候资产B下跌，而资产A下跌的时候资产B上涨，差不多刚好相反。"

孙先生："0.88表示资产A和资产B同步性较强？"

理财师："是的。我们再看资产A和资产B组合的效果。从组合来看，最小方差组合的平均收益为18.53%，标准差为70.61%。"

孙先生："什么是最小方差？"

理财师："方差是标准差的平方，最小方差组合也是最小标准差组合。通俗地说，就是风险最小的组合。"

孙先生："那您的意思就是风险最小的组合平均收益是18.53%。"

理财师："是的。"

孙先生："但风险仍有70.16%？"

理财师："是的。"

孙先生："这个风险只比资产B的71.41%低了一点点？"

理财师："是的，这是因为资产A和资产B的相关系数太高了，所以分散风险的程度较小，不过组合后的收益却比资产B高了5%左右。"

孙先生："哦，明白了，就是说通过组合资产A和资产B，能够降低风险。"

理财师："是的。比如最近酒类股票因国家控制公款消费而下跌，但医药类股票则因医药改革而上涨。如果仅仅持有酒类股票，就会下跌，但如果有医药类股票作为组合，则医药类股票的上涨可以抵消一部分酒类股票面临的风险。"

孙先生："那我应该持有多少股票A和股票B呢？"

理财师："这就需要根据您之前测试的风险DNA来匹配了。我们可以点击'进行资产配置'进入下一个界面。这个界面会询问您是否已经进行了风险DNA测试和资产DNA测试。您刚才已经进行过测试了，所以选择

'是'。"（图5-34）

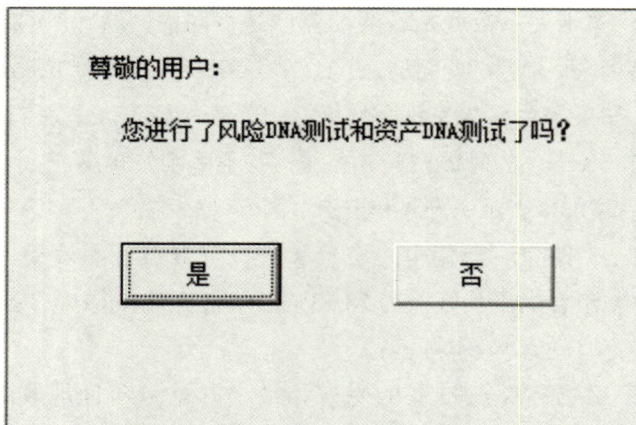

图 5-34　资产配置前的询问

孙先生："然后呢？"

理财师："您看，您的投资规划报告出来了。"

孙先生："这个投资规划报告怎么看呢？"

理财师："您看，前半部分就是您刚才测试的风险 DNA 和资产 DNA 的结果，后半部分是对您的资产进行最优配置的结果。"

尊敬的用户：

经过风险 DNA 测试，您属于保守型投资者。

经过资产 DNA 测试，您所选择的资产 A 相对于资产 B 属于高风险资产。

高风险资产 A 的平均收益率为 31.21%，风险为 75.1%；低风险资产 B 的平均收益率为 13.25%，风险为 71.41%。

它们之间的相关系数为 0.88。

高风险资产 A 和低风险资产 B 的投资组合收益率与风险见图1。

仅考虑资产 A 和资产 B 的组合，而不考虑加入无风险资产，投资组合中风险最小的组合为:高风险资产 A 的比例占 29.4%，低风险资产 B 的比例占 70.6%。该组合的期望收益率为 18.53%，风险为 70.61%。

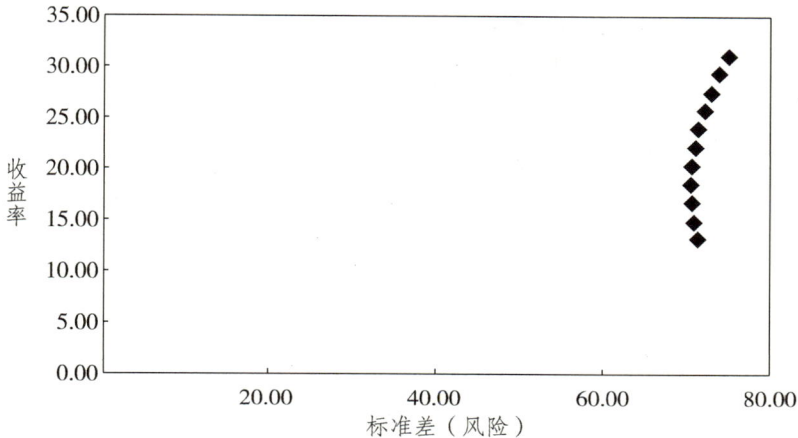

图1 投资组合平均收益与风险走势图(%)

当无风险利率为3.5%，考虑无风险资产的情况下风险资产的最优组合为低风险资产B占0%，高风险资产A占100%。该组合的期望收益率为31.21%，风险为75.1%。

您的风险DNA分数为2.41，属于保守型投资者，适合您的最优投资组合中无风险资产占比应为88.17%，风险资产占比为11.83%，其中低风险资产B的投资占总投资的比例为0%，高风险资产A的投资占总投资的比例为11.83%，整个投资组合的期望收益率为6.78%，风险为8.89%。

表1 　　　　　　　　　　　　　**适合您的最优投资组合**

您的风险DNA评分为 您属于	2.41 保守型投资者	
您的最优投资组合如下：		
投资组合	最优比例	备注
无风险资产	88.17%	活期存款/货币基金等
低风险资产	0.00%	
高风险资产	11.83%	
	期望收益	风险
无风险资产	3.5%	0
低风险资产	13.25%	71.41%
高风险资产	31.21%	75.1%
最优组合	6.78%	8.89%

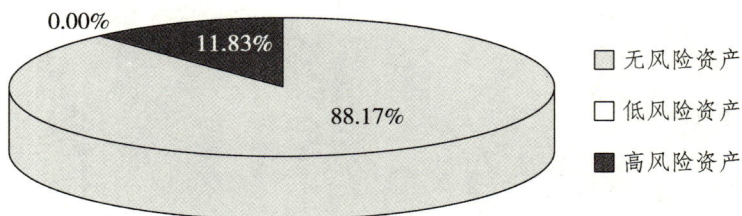

0.00% 11.83% 88.17%

无风险资产
低风险资产
高风险资产

图2　适合您的最优投资组合

孙先生：“您能再解释一下吗？我看得一头雾水。”

理财师：“这个报告是通过复杂的数理模型得到的，具体过程我就不详细解释了，太专业了。我帮您讲解一下结果吧。从图1来看，这条曲线反映了资产A和资产B进行组合后风险收益的变化。横轴是风险，纵轴是收益。最下面这个点是风险较低、收益也较低的资产B，最上面那个点是风险较高、收益也较高的资产A。如果您一开始将所有资金都投资在资产B上，然后将一部分资金从资产B转移到资产A，投资组合的风险和收益的变化就会随着您投资在资产A上的比例变化按照这个曲线移动。”

孙先生：“就是说从收益低的资产B转移资金到收益高的资产A，投资组合的收益也在沿曲线向上增加？”

理财师：“是的。”

孙先生：“那我全部投资A啊！”

理财师：“但您的风险也会增加。”

孙先生：“哦，是啊。那我应该怎么选呢？对了，是不是可以选那个风险最小的组合？”

理财师：“风险最小的组合收益也不高，所以我们需要平衡风险和收益来做最优选择。”

孙先生：“怎么平衡风险和收益呢？”

理财师：“每个人对风险和收益的平衡都不一样，比如有些人偏好风险，就会选择风险较高、收益较高的组合；而有些人厌恶风险，就会选择风险较低、收益较低的组合。我们之前给您做的风险DNA测试在这里就派上用场了。根据您的风险 DNA 测试，可以匹配出相应的最优组合。"

孙先生："这个挺有趣的。我的最优组合是什么？"

理财师："如果您仅考虑将资金分配在资产 A 和资产 B 上，而不保留活期存款，那么您的资金在资产 A 和资产 B 上的配置比例最优为 29.4% 和 70.6%，组合的期望收益率（也就是平均收益率）为 18.53%，风险为 70.61%。"

孙先生："就是说我按三七比例分配资金到股票 A 和股票 B 上？这样我可以取得 18.53% 的收益？"

理财师："没错。不过这个收益是按历史数据计算的，不是精准的收益，而是预计可取得的平均收益。风险是 70.61%，也就是说有可能出现较大的亏损，比如亏损 50%，也有可能盈利超过 90%。这需要看市场情况。"

孙先生："投资股票有风险，这我知道，不过我用闲置的资金来投资可以承受这个风险。"

理财师："对的。看来您对理财的一些理念还是很熟悉啊。"

孙先生："呵呵，平常也偶尔听一些理财讲座，但都没有实际操作过。"

理财师："我们上面这个组合没有考虑将您的资金分配到活期存款上，活期存款是无投资风险的。在做资金配置时，我们还可以考虑一种做法，就是首先将资金分成两部分，一部分投入无风险的活期存款中，另一部分投入有风险的资产中，比如股票，然后再考虑投入到有风险的资产中的资金如何分配。"

孙先生："这会有什么不同吗？"

理财师："其实，低风险资产通常可以通过将无风险资产和高风险资产进行组合来获得，所以如果考虑将无风险资产加入到资产组合中，低风险资产就有可能不需要进行配置了。但这也要测试了风险资产的 DNA 和您的风险 DNA 后才能判断。"

孙先生："那如果我按这种方式进行资产配置，应该怎么做呢？"

理财师："您看，这里已经有结果了。一年期活期存款利率如果是3.5%，那么当您将资产配置在活期存款、股票A、股票B上时，最优的组合应该是活期存款占88.17%，股票资产占比为11.83%。其中低风险资产（股票B）的投资占总投资的比例为0%，高风险资产（股票A）的投资占总投资的比例为11.83%，整个投资组合的期望收益率（即平均收益率）为6.78%，风险为8.89%。"

孙先生："就是说我应该将闲置资金的88.17%放在活期存款中，11.83%放在股票A上？"

理财师："是的，这个是属于您的最优组合。"

孙先生："那之前的那个方案，将资金的29.4%配置在股票A、70.6%配置在股票B上，与现在这个方案相比，应该选哪个？"

理财师："这两个方案并不存在哪个方案更优的问题，前一个方案风险较高、收益也较高；后一个方案，风险较低，收益也较低。您可以根据您的喜好来作出最终决策。"

孙先生："虽然我很保守，但您既然告诉我这笔钱是闲置资金，那我还是选前一个方案，我把闲置资金配置在股票A和股票B上吧。"

理财师："好的。接下来，您就可以在证券公司开设一个股票账户了，然后将您的闲置资金按上述比例购买股票A和股票B。"

孙先生："如果我购买其他股票可以吗？"

理财师："可以的，您自己选中两只股票后，将它们前12期的收益率填写在资产DNA测试表中，就会自动计算出来您将资金配置在这两只股票上的最优比例。您也可以不投资股票，而选择投资股票基金或其他理财产品，都可以用这个方法。"

孙先生："那太好了。"

理财师："还有一个问题需要分析，就是您的10万元借款如何偿还的问题。我们从规划书中看到，在做好基本规划后，您的家庭年节余为25 576元。您至少有两个选择：一是分4年进行还款，每年偿还25 000元；二是先还掉借款，推迟子女教育规划和养老规划。"

孙先生："这个问题我还需要和亲戚沟通后才能决定呢。"

理财师："没关系。我只是给您建议，有这两种选择。决策还得由您来做。最后，我再帮您写一个实施策略吧，就像药方一样，您拿着这个方子，按步骤操作就可以了。"

实施策略

1. 保留 58 000 元作为应急资金，50% 存活期，50% 可买货币基金。

2. 孙先生配置 110 万元保额的商业保险，保费控制在 16 400～24 600 元；孙太太配置 70 万元保额的商业保险，保费控制在 8 000～12 000 元。以重大疾病险、寿险、意外险组合搭配。

3. 为孩子开设一个基金账户，每月投资 4 237 元作为子女教育基金，可选指数基金进行投资。

4. 为自己开设一个养老账户，每月投资 1 322 元作为养老基金，可选指数基金进行投资。

5. 借款 10 万元可以采用两种方式来偿还：一是分 4 年进行还款，每年偿还 25 000 元；二是先还掉借款，推迟子女教育规划和养老规划。

6. 在有闲置资金时，可在股票 A 和股票 B 上分别配置 30% 和 70% 的资金。注意，股票的风险和收益是动态调整的，建议投资时机超过此规划 1 年时再做一次测试。

7. 本次规划是按您目前的财务状况进行的，建议您每年检视一下您的财务状况，以及在遇到重大变化时咨询理财师，以便根据您的最新状况对规划进行动态调整。

要追求退休后的品质生活和幸福人生，就需要合理地规划退休前的财务资源，将退休当成人生的另外一个上坡路来经营。如果善于经营，您就可以在退休后造就另外一个人生，让您的生命焕发出另外一种光彩！

养老已经成为目前全社会关注的问题，为了解决沉重的养老负担，政府正在研究是否要推迟退休年龄。这一政策可能会面临很大的阻挠。办法总比问题要多，解决养老问题的路径并非只有推迟退休年龄这一条。推迟退休年龄实际上是让人们取得退休前收入的时间增加，而退休后靠养老金生活的时间缩短。政府可能并不会出台强制性推迟退休的规定，而会给人们一个选择：当男性工作到60岁（女性55岁）时，可以选择继续工作，也可以选择退休养老。如果真的到了该做选择的时候，您的选择是什么呢？

过去的老一辈人对退休生活并没有什么期待，只希望退休后能保证基本的生活需要。尽管很多贫困地区的退休金连这一点都难以满足，但大多数退休前有正式工作，并纳入了国家社会保障体系的人都能用退休金满足基本的生活需要。但随着人们物质生活水平的提高，退休前的生活已与20年前大不一样，这势必导致退休后的生活需求也水涨船高。如果您退休前的生活用品都是从高档百货店那里买来的，退休后您会从街边的小店购买廉价的商品吗？如果您退休前就已经在服用各种保健品，退休后您会停用这些保健品吗？如果您退休前经常喜欢和两三个知己小酌一杯，退休后您甘于寂寞，独对空影吗？如果退休前您因为公事繁忙，无暇旅游，退休后您想携带老伴一起环游世界吗？人生的前30多年我们为了事业而奋斗，人生的后20多年我们应该让自己的人生更精彩。许多退休前没有实现的愿望，在退休后应尽可能地去达成。退休并不意味着人生走入了下坡路，相反，退休开启了新的人生，获得了前所未有的自由。

然而，要实现真正的自由，还需要财务上的自由。尽管退休后拥有了退休金作为生活来源，但这实现了财务自由吗？退休金能帮助您完成退休前未实现的梦想吗？退休金能帮助您经历更丰富的人生吗？我给出的答案是"不可能"。如果退休后都不能掌控自己的人生，您会觉得幸福吗？

也许您开始抱怨政府了，但这没有用，能带领13亿人口在30年的时间内创造一个经济强国已经是一个奇迹，至少使大多数人的生活水平获得了飞跃式的发展，想要一个包揽解决所有事项的政府是不现实的，个人的幸福要靠自己去争取，就像因贫困而等救济是永远不可能致富的。

要追求退休后的品质生活和幸福人生，就需要合理地规划退休前的财务资源，将退休当成人生的另外一个上坡路来经营。退休后还有二三十年的光阴，如果善于经营，您就可以造就另外一个人生，让您的生命焕发出另外一种光彩！

如何规划退休前的财务资源？学学荣太太的案例吧。

荣太太，40岁，目前在一家公司担任人事主管，月薪12 000元，年终奖15 000元。邵先生，41岁，在另一家公司担任销售主管，月薪15 000元，年终奖20 000元。儿子14岁，读初中二年级。邵先生夫妇已为孩子准备了50万元的教育金，以定期存款的方式保留，供其孩子在国内读大学所用。荣太太每月花费4 000元，邵先生每月花费5 000元，孩子每月花费约2 000元。荣太太家庭拥有一辆家用车，价值20万元，养车费用由邵先生所在的公司负担。房产两套，一套自住，价值200万元，房贷尚余40万元未偿还，每月还款3 495元；一套出租，价值120万元，每月租金收入3 000元。除此之外，目前活期存款有15万元。两人都有社保。邵先生和荣太太都购买了重大疾病险和附加意外险，邵先生的保额为100万元，保费每年支付28 000元，荣太太的保额为80万元，保费每年支付24 000元。每年支付给双方父母的赡养费40 000元。

步入而立之年后，邵先生和荣太太对工作和生活的心态发生了微妙的转变。之前一心为事业和孩子打拼，全部身心都投入在了工作和孩子身上，几乎没有自己的生活。如今，事业已经步入了一个稳定的平台，孩子也日渐独立，学习人力资源的荣太太觉得应该考虑自己的追求了。一直爱好旅游的荣太太自从有了孩子之后，除参加公司组织的年度旅游活动外，就很少再安排其他的旅游。荣太太憧憬着退休之后能去看看美国的大峡谷、拉斯维加斯、西雅图，英国的白金汉宫和剑桥，悉尼的歌剧院和海港大桥，巴黎的埃菲尔铁塔、凯旋门、卢浮宫，荷兰的风车等世界风景名胜。每次荣太太向邵先生憧憬着退休后的生活时，邵先生就泼了一瓢冷水："先赚够钱再说吧，靠退休金是去不了这些地方的。"荣太太觉得现在应该为退休后的生活做准备了。

荣太太走进了理财师的工作室。

理财师："您好!"

荣太太："您好!"

理财师："有什么可以帮您的吗?"

荣太太："我想咨询下如何规划退休后的安排。"

理财师："好的。我们的工作流程分成三步,第一步是搜集您的家庭财务信息,以帮助您进行全面的家庭财务诊断分析;第二步是根据您的目标进行合理的规划;第三步,我会给您提供一个可操作的实施策略。"

荣太太："这么多流程?"

理财师："流程虽多,但实际上每一步都很简单,操作起来也挺快的。您只需要跟我一起填写完一个软件,就可以自动出结果了,然后我根据您的情况做一些解释,您就明白您需要怎么做,以及为什么要这么做了,所有的问题我都会为您解释清楚。我的主要工作就是帮您解决您的问题,实现您的目标,对吗?"

荣太太："那你快开始吧。"

理财师："我们先来填写第一个表,将您和配偶的姓名、年龄、子女人数填写好。"(图6-1)

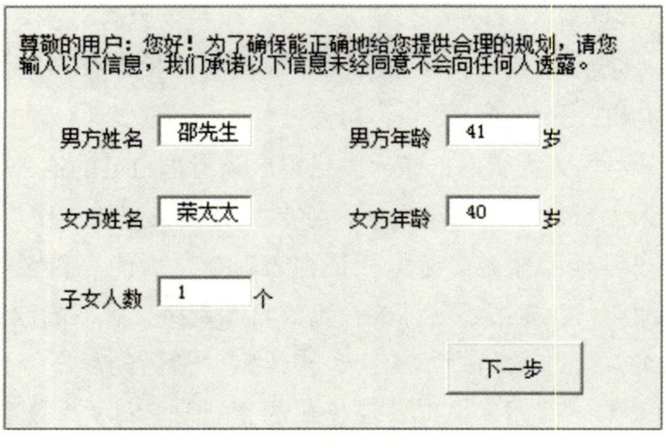

尊敬的用户:您好!为了确保能正确地给您提供合理的规划,请您输入以下信息,我们承诺以下信息未经同意不会向任何人透露。

男方姓名	邵先生	男方年龄	41	岁
女方姓名	荣太太	女方年龄	40	岁
子女人数	1	个		

下一步

图6-1　用户基本信息表

荣太太："接下来呢？"

理财师："接下来，填写您的家庭收支情况表。"

荣太太："这个表有什么用？"

理财师："这个表可以反映您每年的财务资源来源和使用情况。左边填写您家庭的收入来源，先填写月收入，再填写年收入。右边填写您家庭的支出情况，先填写月支出，再填写年支出。年支出包括保险年支出和其他年支出。您给父母的赡养费用填写在'其他年支出'这个栏目里。你们都有社会保险，所以在有社保的方框后面打钩。然后我们可以进入下一步：填写家庭资产负债表。"（图6-2）

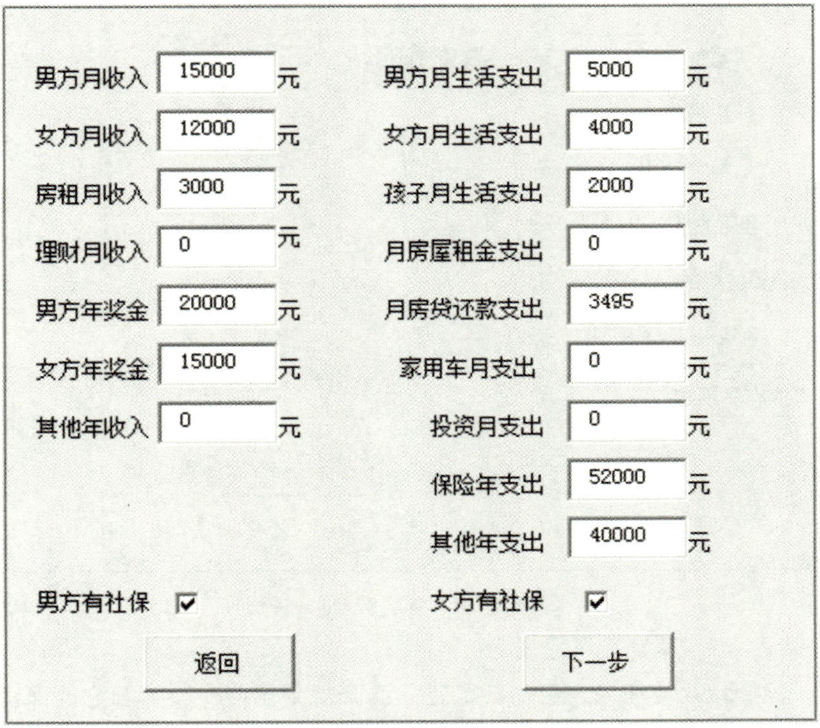

男方月收入	15000	元	男方月生活支出	5000	元
女方月收入	12000	元	女方月生活支出	4000	元
房租月收入	3000	元	孩子月生活支出	2000	元
理财月收入	0	元	月房屋租金支出	0	元
男方年奖金	20000	元	月房贷还款支出	3495	元
女方年奖金	15000	元	家用车月支出	0	元
其他年收入	0	元	投资月支出	0	元
			保险年支出	52000	元
			其他年支出	40000	元
男方有社保 ☑			女方有社保 ☑		
返回			下一步		

图6-2　填写家庭收支情况

荣太太："资产负债表有什么用？"

理财师："资产负债表反映了您家庭现存的财务资源，这些财务资源是您家庭过去积累下来的存量。左边填写资产情况，右边填写负债情况，即填写贷款。"

荣太太："房产按购买价格来填写还是按现在的价格来填写？"

理财师："房产应按现在的价格来填写。这表明您家庭现有的资产价值。房产贷款是按尚未偿还的贷款金额来填写。"（图6-3）

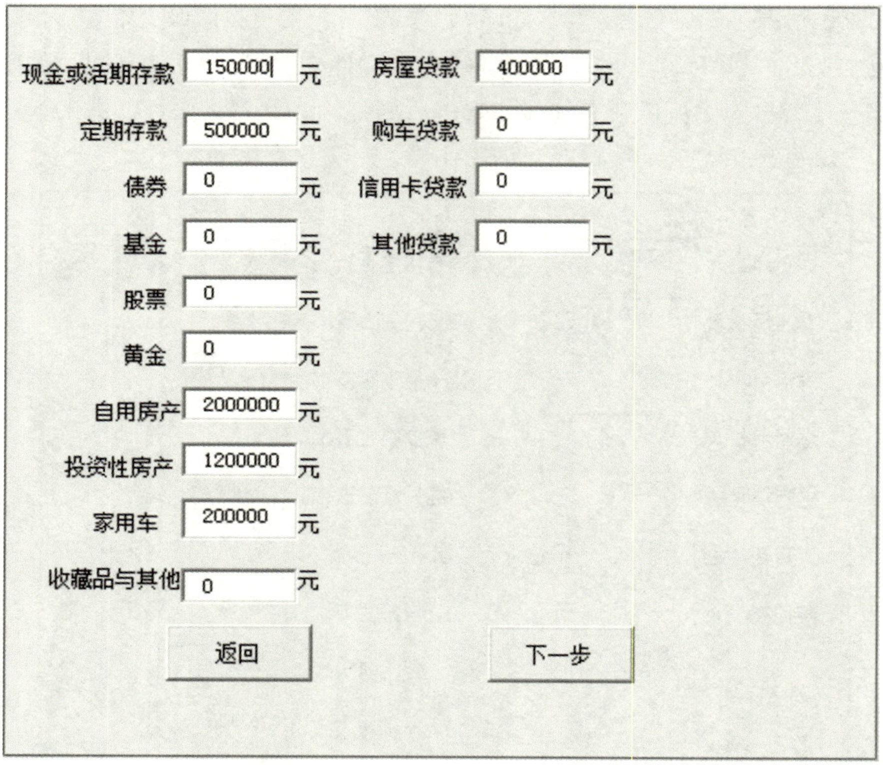

现金或活期存款	150000 元	房屋贷款	400000 元
定期存款	500000 元	购车贷款	0 元
债券	0 元	信用卡贷款	0 元
基金	0 元	其他贷款	0 元
股票	0 元		
黄金	0 元		
自用房产	2000000 元		
投资性房产	1200000 元		
家用车	200000 元		
收藏品与其他	0 元		
返回		下一步	

图6-3 填写家庭资产负债表

荣太太："填写完了之后呢？"

理财师："填写完之后，我们进入综合规划第四步，填写您的保障目标，比如您希望准备几个月的应急资金，您和家人已经购买的保险额，以及您希望自行筹备养老费用的比例。"（图6-4）

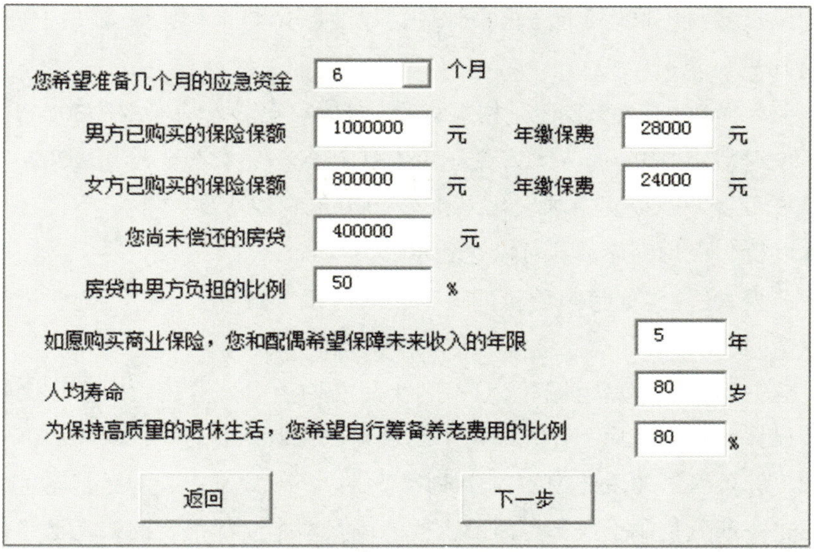

您希望准备几个月的应急资金	6	个月		
男方已购买的保险保额	1000000	元	年缴保费	28000	元
女方已购买的保险保额	800000	元	年缴保费	24000	元
您尚未偿还的房贷	400000	元		
房贷中男方负担的比例	50	%		

如愿购买商业保险，您和配偶希望保障未来收入的年限　　　5　年

人均寿命　　　80　岁

为保持高质量的退休生活，您希望自行筹备养老费用的比例　　　80　%

返回　　　　　　下一步

图 6-4　综合规划第四步

荣太太："应急资金一般准备多少个月？"

理财师："如果没有房贷的话，可以选择 3 个月；如果有房贷的话，建议选择 6 个月。"

荣太太："购买的保险保额和保费填写好了。房贷中男方负担的比例是指我老公承担的比例吗？"

理财师："房贷的还款你们是各自负担一半吗？"

荣太太："是的，当时约定是这样。"

理财师："那就按默认的 50%填写就可以了。"

荣太太："如愿意购买商业保险，希望保障未来收入的年限怎么填写？也按默认的 5 年吗？"

理财师："您当初买保险的时候考虑过这个问题吗？"

荣太太："没有呀。当时听保险代理人说要买这么多，就买了。"

理财师："一般保险额是按您希望保障的年限来计算的。假设出现意外情况，收入中断，那么您希望用保险金能生活多少年呢？如果是 5 年，那么保额就按您年收入的 5 倍来计算；如果是 10 年，那么保额就按您年收入的 10 倍计算。"

荣太太："哦，那我还是按默认的 5 年填写吧。人均寿命是 80 岁？"

理财师："实际的人均寿命还没有达到 80 岁。《"健康中国 2020"战略研究报告》中提到中国人均寿命在 2020 年有望达到 77 岁。不过，当您退休以后，人均寿命估计可以达到 80 岁了。"

荣太太："为保持高质量的退休生活，希望自行筹备的养老费用的比例这个怎么填写？"

理财师："这就需要看您对养老生活的期望了。退休后的退休金收入会比退休前收入大幅下降，通常不足以支撑和退休前过一样的生活。一般情况下，可将退休后要用的钱分成两部分：一部分是用于满足基本生活需要的，一部分是用于提高生活品质的。满足基本生活需要的钱是退休金可以达到的，而要提高生活品质就需要自行筹备了。自行筹备的比例越高，生活品质提升的幅度就越大。通常情况下，我们将这个比例设置为 50%。"

荣太太："我想去国外旅游，应该怎么办？"

理财师："您可以将这个比例提高至 80%，然后看筹备的养老金是多少，是否足够您国外旅游的花费。如果不够，再增加养老金的投资就可以了。"

荣太太："那我先填写 80% 吧。"

理财师："接下来，可以进入综合规划第五步了。"

荣太太："第五步是什么？"

理财师："第五步是关于子女教育规划的。您已经为孩子筹备了 50 万元的教育资金。您还需要增加教育投资吗？"

荣太太："我也不知道是否还需要增加，50 万元够不够？"

理财师："那我们先不考虑增加教育费用的问题。等规划书出来后，我们再根据您的情况分析是否可以增加教育金。"

荣太太："好的。那这里的教育金是不是填写 0？"（图 6-5）

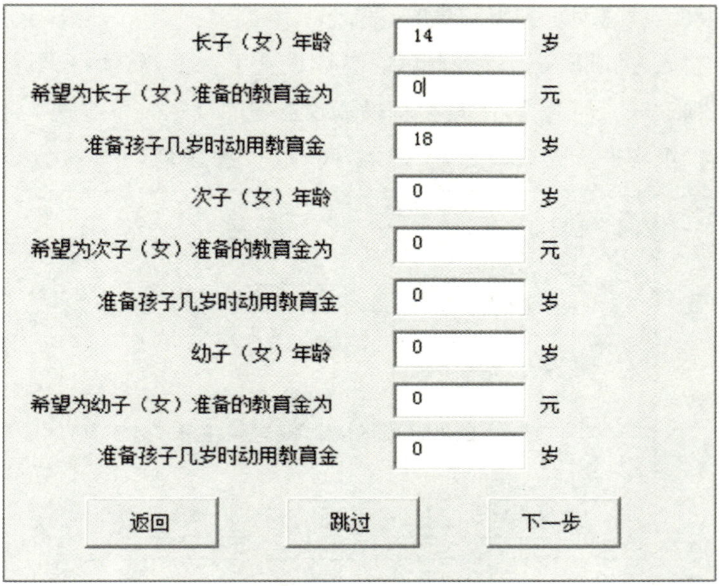

长子（女）年龄	14	岁
希望为长子（女）准备的教育金为	0	元
准备孩子几岁时动用教育金	18	岁
次子（女）年龄	0	岁
希望为次子（女）准备的教育金为	0	元
准备孩子几岁时动用教育金	0	岁
幼子（女）年龄	0	岁
希望为幼子（女）准备的教育金为	0	元
准备孩子几岁时动用教育金	0	岁

| 返回 | 跳过 | 下一步 |

图6-5 综合规划第五步

理财师："对的。填写0就好了。接下来进入综合规划第六步。第六步是关于买房规划的，您没有这方面的需求，所以在拟购房面积栏目中填写0就可以了。"（图6-6）

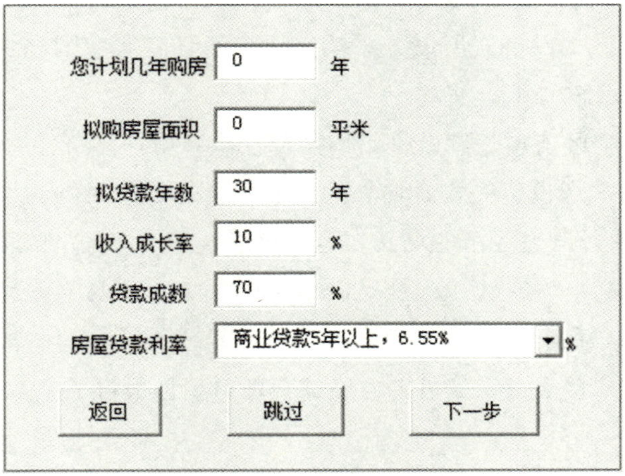

您计划几年购房	0	年
拟购房屋面积	0	平米
拟贷款年数	30	年
收入成长率	10	%
贷款成数	70	%
房屋贷款利率	商业贷款5年以上，6.55%	%

| 返回 | 跳过 | 下一步 |

图6-6 综合规划第六步

荣太太："这两步都很简单嘛。"

理财师："接下来，就是最后的参数设置了。主要有两个参数，一个是通货膨胀率的设定，一个是年均投资收益率的设定。系统默认通胀膨胀率为3%，年均投资收益率为7%。"（图6-7）

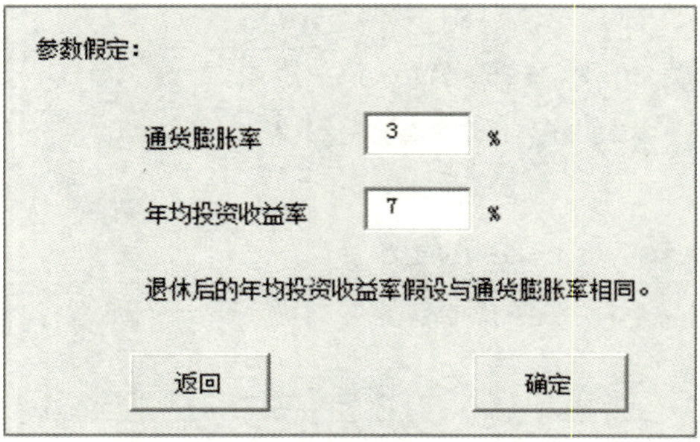

参数假定：

通货膨胀率   3   %

年均投资收益率   7   %

退休后的年均投资收益率假设与通货膨胀率相同。

返回   确定

图6-7　参数设置

荣太太："为什么是3%和7%？"

理财师："这是按中国目前的经济调控的标准来设置的。当通货膨胀率高于3%时，政府就会采取紧缩经济的政策，使通货膨胀率回到3%以下；当经济增长率低于7%时，政府就会采取推动经济发展的政策，使经济增长率回到7%以上。所以，平均来看，通货膨胀率围绕3%上下波动，经济增长率围绕7%上下波动。"

荣太太："经济增长率就是年均投资收益率吗？"

理财师："您投资的资金增长的主要根基是国家经济的增长。您的投资收益可能快于国家经济的增长，也有可能慢于国家经济的增长。但从人均和年均来说，年均投资收益率与国家经济的增长是比较一致的。"

荣太太："我大致明白了。"

理财师："接下来，就可以生成综合理财规划报告了。"

理财建议书

掌管财富，
实现梦寐以求的人生！

敬呈尊贵的邵先生/荣女士

高级理财顾问

联系方式

设计日期

网址

一、家庭财务状况诊断

资产负债表提供了您家庭财务资源的状况。

表1   **资产负债表**

资产	金额(元)	占比	负债	金额(元)	占比
现金和活期存款	150 000	3.70%	房屋贷款	400 000	100.00%
定期存款	500 000	12.35%	购车贷款	0	0.00%
债券	0	0.00%	信用卡贷款	0	0.00%
基金	0	0.00%	其他贷款	0	0.00%
股票	0	0.00%			
黄金	0	0.00%			
自用房产	2 000 000	49.38%			
投资性房产	1 200 000	29.63%			
家用车	200 000	4.94%			
收藏品和其他	0	0.00%			
资产总计	4 050 000	100.00%	负债总计	400 000	100.00%
家庭净资产	3 650 000	90.12%	负债/总资产	400 000	9.88%

图例：
- □ 现金和活期存款
- 定期存款
- ■ 自用房产
- 投资性房产
- ■ 家用车

图1 家庭资产配置图

您的家庭负债占资产的比重为**9.88%**，表明您的家庭财务很安全，风险评级为低风险。

您正处于家庭成熟期，这段时期工作能力、经济状况都达到高峰状态，理财的重点是为退休做准备。

根据您的生命周期，对高风险资产和低风险资产的配置比例建议如下：

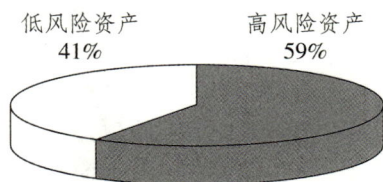

低风险资产 41%　　高风险资产 59%

图2　对高风险资产和低风险资产的配置比例建议

收入支出表提供了您家庭每月的财务资源状况和每年的节余状况。

表2　　　　　　　　　　**收入支出表**

月收入	金额(元)	占比	月支出	金额(元)	占比
男方月收入	15 000	50.00%	男方月生活支出	5 000	34.49%
女方月收入	12 000	40.00%	女方月生活支出	4 000	27.60%
			孩子月生活支出	2 000	13.80%
房租收入	3 000	10.00%	月房租支出	0	0.00%
理财收入	0	0.00%	月房贷还款	3 495	24.11%
			月家用车支出	0	0.00%
男方年奖金	20 000		投资月支出	0	0.00%
女方年奖金	15 000		保险年支出	52 000	
其他年收入	0		其他年支出	40 000	
月收入总计	30 000	100.00%	月支出总计	14 495	100.00%
年收入总计	395 000		年支出总计	265 940	
月节余	15 505				
年节余(加回投资月支出)	129 060		留存比例		32.67%

从您的家庭目前的收入支出情况来看，夫妻两人的月总收入为27 000元，其中，男方的月收入为15 000元，占比50%，女方的月收入为12 000元，占比40%。

从家庭收入构成可以看到，男女双方经济地位相近，同时构成家庭的经济支柱。

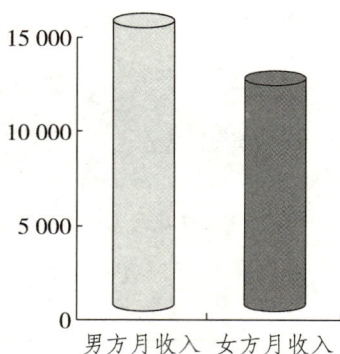

图3　家庭收入构成图(单位:元)

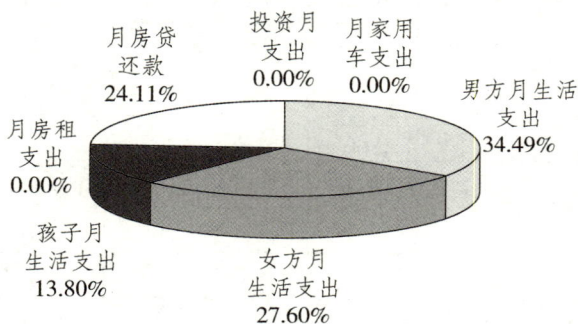

图4　家庭支出构成图

目前您的家庭月总支出为 14 495 元，其中，日常生活支出为 11 000 元，占比 75.89%，月房贷还款支出为 3 495 元，占比 24.11%。家庭日常生活支出占月收入比重为 36.67%，低于 50%，表明您的家庭控制开支能力较强，家庭储蓄能力较高。

您的家庭月房贷还款占月收入的比重为 11.65%，低于 40%，表明您的家庭财务风险较低，处于较为安全的水平。

从年节余来看，您的家庭每年可节余 129 060 元，留存比例为 32.67%，您的家庭储蓄能力较好。储蓄能力是未来财富增长的关键。

二、理财规划

一个完整的家庭财务规划包含应急准备、长期保障、子女教育、退休养老四个基本规划。只有在做好了这四个基本规划的基础上再进行房产规划、投资规划等才使家庭财务有健康的根基。

1.应急准备规划

表3   **现金规划测算表**

您家庭每月的生活费用	11 000元
您家庭每月需要偿还的房贷	3 495元
您希望准备几个月的应急资金	6个月
您应准备的应急资金合计为	86 970元

做好应急准备是应付家庭紧急情况的重要措施。对于您的家庭来说，需要准备86 970元作为应急资金。您可以将其中的50%以活期存款方式保留，另外50%以货币基金的形式保留。

2.长期保障规划

表4   **长期保障规划测算表**

男方信息		女方信息	
年收入	200 000元	年收入	159 000元
是否有社保	有	是否有社保	有
已购保险保额	1 000 000元	已购保险保额	800 000元
年缴保费	28 000元	年缴保费	24 000元
希望保障未来年限	5年		
不考虑房贷的情况下：			
保额缺口为	0元	保额缺口为	5 000元
您尚未偿还的房贷	400 000元		
负担的房贷比例	50%	负担的房贷比例	50%
考虑房贷的情况下：			
保额缺口为	-200 000元	保额缺口为	-195 000元

按照双十原则，保费支出应控制在年收入的10%～15%以内，根据您的家庭情况，

目前男方支出的保费占男方年收入的	14.00%
男方还可以增加保费	0～2 000元
目前女方支出的保费占女方年收入的	15.09%
女方还可以增加保费	0元

从表4中可以看到，邵先生的年收入为20万元，不考虑覆盖房贷偿还风险，保障未来5年需要新增的保额为0万元；考虑覆盖房贷偿还风险，保障未来5年需要新增的保额为20万元。荣太太的年收入为15.9万元，不考虑覆盖房贷偿还风险，保障未来5年需要新增的保额为-0.5万元；考虑覆盖房贷偿还风险，保障未来5年需要新增的保额为19.5万元。建议邵先生新增20万元保额的商业保险，荣太太新增20万元保额的商业保险。邵先生的保费支出增加约0~2 000元，荣太太的保费支出增加约0元。商业保险以重大疾病险、寿险、意外险进行组合搭配。

3.子女教育规划

表5　　　　　　　　　　　**子女教育规划测算表**

参数设定	
通货膨胀率	3%
年均投资收益率	7%
家庭基本信息	
您有子女	1个
您的长子(女)年龄	14岁
您希望为长子(女)准备的教育金	0元
这笔教育金您准备长子(女)几岁时动用	18岁
不考虑通胀您需要为长子(女)每月投资	0元
考虑通胀您需要为长子(女)每月投资	0元

您目前有1个孩子，您希望为他准备0元的教育金，留给他18岁时动用。如果不考虑学费上涨的因素，则您每月需要为孩子投资0元，按7%的年投资收益率，可以达成您储备教育金的理财目标。如果考虑学费按年通货膨胀率3%上涨，那么实现这一理财目标，您需要每月为孩子投资0元。

您可以选择定投基金，也可以选择少儿教育险来为孩子储备教育金。

如果您打算选择基金定投，又不知道该如何选择，可参考招宝理财网的基金诊断，或在招宝理财网中的理财诊所免费提问。

4.养老规划

表6   **养老规划测算表**

家庭基本信息	
男方年龄	41岁
女方年龄	40岁
家庭每月生活费用	9 000元
参数设定	
通货膨胀率	3%
年均投资收益率	7%
人均寿命	80岁
养老规划信息	
男方退休时家庭每月的生活费用	15 782元
女方退休时家庭每月的生活费用	14 022元
男方还将继续工作的年份(以男方60岁退休计算)	19年
女方还将继续工作的年份(以女方55岁退休计算)	15年
您的家庭养老费用需要准备	4 206 512元
您打算自己筹备其中的	80%
为准备这笔养老费用,您可以每月通过定期投资的方式进行储备,每月定投金额为	10 617元

    社保是最基础的保障,能够保障您在退休后有基本的生活费用。但如果您希望未来的退休生活有较高的质量,则需要未雨绸缪,提前做好上述退休准备。您家庭目前生活所需的费用为9 000元,按寿命80岁来计算,退休时需要筹备的养老费用为4 206 512元。如果其中的20%可以依靠社会保险支付的养老金满足,另外80%需要自行筹备的话,您的家庭可以每月投资10 617元用于储备养老金。您可以通过定投基金或购买投连险的方式来进行上述投资储备充足的养老费用。

5.基本规划做好后的收入支出表

表7　　　　　　　　　　　　收入支出表

月收入	金额(元)	占比	月支出	金额(元)	占比
男方月收入	15 000	50.00%	男方月生活支出	5 000	19.91%
女方月收入	120 00	40.00%	女方月生活支出	4 000	15.93%
			孩子月生活支出	2 000	7.96%
房租收入	3 000	10.00%	月房租支出	0	0.00%
理财收入	0	0.00%	月房贷还款	3 495	13.92%
			月家用车支出	0	0.00%
男方年奖金	20 000		投资月支出	10 617	42.28%
女方年奖金	15 000		保险年支出	52 000	13.16%
其他年收入	0		其他年支出	40 000	10.13%
月收入总计	30 000	100.00%	月支出总计	25 112	100.00%
年收入总计	395 000		年支出总计	393 345	
月收支平衡	4 888		年收支平衡	1 655	

恭喜您，在做好四个基本规划之后您还有财务资源节余，您可以咨询您的理财师如何用节余的财务资源进行投资规划。

本次规划是根据您目前的财务状况做出的，建议您每年重新检视您的财务状况，并适当调整规划，以使您尽快掌管财富，达成财务自由！

　　荣太太："能帮我解释一下这些表格都是什么意思吗？"

　　理财师："当然，我正要向您解释呢。这份理财建议书分成两个部分：理财诊断和理财规划。第一部分是理财诊断，主要诊断您目前的家庭资产负债情况和家庭的收入支出情况。首先，您可以看下您的资产负债表。您的家庭负债占资产的比重为9.88%，表明您的家庭财务很安全，风险评级为低风险。从您家庭的生命周期来看，您正处于家庭成熟期，这段时期工作能力、经济状况都达到高峰状态，理财的重点是为退休做准备。这刚好是您目前的理财目标。"

　　荣太太："那我来得正是时候呢！"

　　理财师："接下来可以看下您的收入支出表。您和您先生的收入相差不多，说明你俩都是家庭的经济支柱。这意味着在做好家庭长期保障的时候，你俩的重要性相当。而从你们购买的商业保险来看，你们确实也是这样做的，说明你们的理财意识不错。从收入支出表来看，您的家庭日常生活支出占比75.89%，月房贷还款支出占比24.11%，房贷占比并不高。家庭日常支出占月收入比重为36.67%，低于50%，表明您的家庭控制开支能力较强，家庭储蓄能力较高。您的家庭月房贷还款占月收入的比重为11.65%，低于40%，表明您的家庭财务风险较低，处于较为安全的水平。从年节余来看，您的家庭每年可节余129 060元，留存比例为32.67%，您的家庭储蓄能力较好。储蓄能力是未来财富增长的关键，也为你们的退休养老提供了基础。"

　　荣太太："我就是想多攒点钱退休用。"

　　理财师："接下来就是根据您的财务资源进行理财规划了。这个部分分成4个基础规划，分别是应急准备规划、长期保障规划、子女教育规划、养老规划。首先，我们可以看下应急准备规划。您的家庭每月需要的生活费用是11 000元，房贷每月还款3 495元。由于有房屋贷款，所以您最好准备6个月的应急资金，您需要准备的应急资金约86 970元。您可以将其中的50%以活期存款保留，随时可以取用；另外的50%可以用来购买货币基金。"

荣女士："我银行里有活期存款 15 万元。"

理财师："您并不需要准备 15 万元的应急资金。活期存款的收益率很低，不利于您财富的增长。建议您将其他资金转投在收益较高的金融产品上。"

荣女士："我应该怎么投资呢？"

理财师："我们先看完所有规划后，再来看如何配置闲置资金。"

荣女士："好的，先继续往下看。"

理财师："接下来第二个规划是长期保障规划。你们都已经配置了商业保险，说明你们有很好的理财意识。根据邵先生的年收入 20 万元测算，不考虑覆盖房贷偿还风险，保障未来 5 年并不需要新增保额；但如果考虑覆盖房贷偿还风险，保障未来 5 年需要新增 20 万元保额。根据您的年收入 15.9 万元测算，不考虑覆盖房贷偿还风险，保障未来 5 年也不需要新增保额，您目前的保额配置比保险需求还多了 0.5 万元；但如果考虑覆盖房贷偿还风险，保障未来 5 年也需要新增保额 19.5 万元左右。如果考虑覆盖房屋贷款偿还风险，邵先生可以新增 20 万元保额的商业保险，荣太太可以新增 20 万元保额的商业保险。邵先生的保费支出还可增加约 2 000 元，不过荣太太的保费支出无法增加了。鉴于邵先生和荣太太的保费支出的限制，邵先生和荣太太也可不必增加商业保险保额。"

荣女士："没想到我们买的商业保险还是不太够啊。"

理财师："你们的商业保险是多年前开始买的吧。那个时候你们的收入应该还没有这么高，所以当时买的保额应该足够了。但现在随着你们收入的提高，相当于你们的身价也在往上涨，买的保额相对来说就会显得不够了。"

荣女士："哦，原来是这样。也对啊，我们 10 年前的收入并不高，当时孩子才 4 岁。一晃 10 年就过去了，现在身体不如以前了，觉得还好当初买了保险，我看现在的保险费用都越来越贵啊。"

理财师："你们俩的理财意识都挺强的。应急准备、长期保障、子女教育都已经做好了准备。你看应急资金你们准备了15万元，长期保障你们各自购买了足够的保额，而且你们的子女教育金也已经准备好50万元了，差不多都不需要我这个理财师帮你们理清规划了。"

荣女士："我之前听过几个讲座，所以有这样一些意识。当时，我觉得把保障做好、把子女教育做好就行了。自己还年轻，离退休养老还很远。没想到日子过得这么快，转眼就到中年了，现在又觉得养老很重要了。特别是我想退休后和老公一起周游世界，可老公总说哪有那么多钱去呀，所以我想到找你来帮我规划规划，毕竟你们专业呀。"

理财师："难怪您能把您的家庭财务打理得这么好，原来您学习过一些相关知识啊，相信您的家庭有您这样一位贤妻良母一定很幸福。接下来，我们就可以看看您的养老规划了。您希望未来的退休生活有较高的质量，按照您设置的自行筹备养老金80%的比例计算，退休时需要筹备的养老费用为4 206 512元，您的家庭可以每月投资10 617元来储备336万元的养老金。相信这笔钱可以满足你们周游世界的愿望了。"

荣女士："足够了，足够了，就算我们每年花10万元用于旅游，也可以游30年了，哈哈。"

理财师："我们再看下做好上述规划后，您家的收入支出情况。您看，做好规划后，您的投资月支出增加为10 617元，其他都没变化。月支出总计增加到25 112元，年支出增加到393 345元，年收支平衡为1 655元，说明您的年收入足够满足上述规划。"

荣女士："太好了，我的晚年生活可以到处去旅游，我真的太高兴了！我要回家把这个好消息告诉我先生，谢谢您！"

理财师："另外，我还有个建议。您看您的活期存款15万元扣除应急资金外，还有一部分节余。我建议您将这部分节余存款转投收益较高的金融产品，比如股票基金或债券基金等。如果您不愿意承担投资风险，我建议您可以考虑用节余的活期存款和定期存款提前还贷，然后再将原本用于每月还贷的钱每月滚存或每月定投。"

荣女士："为什么我要这么做呢？"

理财师："您看，现在5年以上的贷款利率是6.55%，2年定期存款利率是3.75%。这相当于您的定期存款获得3.75%的收益，而贷款却支付了6.55%的成本，中间有2.8%的差。您的贷款是40万元，每年您损失的相当于11 200元。"

荣女士："哦，您不说我还没想过这个问题呢，那我应该怎么做呢？"

理财师："您有两种方式解决这个问题：一是提前还部分房贷；二是将存款转为投资。如果选择提前还部分房贷，可以先偿还13万元房屋贷款。偿还13万元贷款后，每月贷款余额将从3 495元减少至2 359元。由于每月还款负担减少，所以您的应急资金只需要准备80 157元。您可以从15万元的活期存款中拿出7万元，加上6万元的定期存款来提前偿还13万元贷款。每月还贷额减少1 136元，可采用基金定投的方式，按7%的年收益率计算，在孩子18岁时定投账户可积累62 695元资金，刚好补充定期存款中用来提前还款的教育资金。这样做能为您每年节省8 515元的利息支出，而对您的生活目标不会产生任何影响。另一种方式是将存款转为投资，可从活期存款15万元中扣除8.7万元的应急资金后，将剩余的6.3万元采用定投的方式投资股票基金，同时也可以将部分定期存款定投股票基金，以获得比银行贷款利率6.55%高的收益，避免贷款利率和资金收益倒挂的情况。但这种方式有一定风险，如果市场状况不好，可能会影响到您的子女教育资金。"

荣女士："那我采用第一种方式吧。"

理财师："好的，最后我给您写一个简单的实施策略吧，您按这个实施策略去操作就好了。"

荣女士："就像药方一样？你们真的成了财务医生了。"

理财师："哈哈，药方写好了，您看看！"

实施策略

1. 活期存款15万元中可拿出8万元作为应急资金,其中4万元继续以活期存款保留,另外4万元可以购买货币基金。

2. 可以不用增加商业保险。

3. 定期存款用作教育资金储备。

4. 每月拿出10 600元进行基金定投,储备养老金。

5. 可从活期存款中拿出7万元,从定期存款中拿出6万元提前偿还13万元房贷。

6. 提前偿还房贷后,每月减少的还贷额1 136元可采用基金定投的方式投资到孩子18岁,补充定期存款中用来提前还款的教育资金。

荣女士:"看了这张药方后,我觉得操作起来很简单啊。"

理财师:"是的。您按照这个实施策略去做吧,遇到问题的时候打我电话吧。"

荣女士:"谢谢您!"

亲情比财富重要！好的财富管理能维护亲情、助力幸福生活！

冯先生退休了。没有了朝九晚五的工作，冯先生显得不适应。每天早上早早起来的他，觉得生活一下子没有了方向，每天的日子似乎变得漫长起来。更为糟糕的是，冯先生发现退休后的退休金比退休前的工作收入少了一大截，这给冯先生平添了许多怨气。冯先生觉得退休后的生活并不如退休前，他甚至希望能晚点退休。这样至少还可以和工作中的伙伴们交流交流，不至于像目前这样只能和老伴两个人干瞪着眼在家待着。

冯先生终于找到了一个可以打发时间的事情——炒股，加入炒股大军起因于与一故友的一次偶然相遇。在饭局上，这一故友大谈如何炒股赚钱，冯先生听得如痴如醉，回家后，冯先生就决定到证券公司开一个股票账户炒股。

开好账户的前几周，冯先生对一些股票进行了研究，终于下决心投入了2万元。不知是冯先生进行了认真研究后得到的结果，还是偶然的运气，第一笔投资不到一周就赚了1 500元。冯先生顿时自信满满，俨然觉得自己有炒股的天分。

冯先生心想："要是我当初投了10万元，我就可以赚7 500元了，这相当于我一个月的工资呢。还是退休好，退休后炒股一周，就相当于工作一个月，我怎么以前不早点退休炒股呢。"

尝到了甜头的冯先生决定加大投资的力度。他的老伴也觉得这样赚钱挺快的，可以尝试。于是，冯先生决定将多年的积蓄60万元都投入股市。

1个月过去了，60万元的积蓄变成了70万元，冯先生高兴得逢人就说自己是股神。冯先生计划着："我多赚点钱还可以给孙子买套小房子。"

然而，好景不长。股票市场开始下跌，70万元资金又回到了60万元。冯先生认为他之前的判断是没有错的，股票市场还会涨回去，于是冯先生继续持有他的股票。

股票市场经历短暂的反弹后继续下跌，60万元的资金跌到了55万元。冯先生已经沉不住气了，可是又不知道该如何处理？是从股票市场撤回来还是继续坚持？无助的冯先生最终找到了理财师。

冯先生："您好！"

理财师：“您好！有什么我可以帮您的吗？”

冯先生：“我投资的股票亏了5万了，我该怎么办？”

理财师：“您能告诉我您当初为什么要投资吗？”

冯先生：“最开始我是听朋友说可以赚钱，所以也想尝试一下，后来赚了一点，我就上瘾了。”

理财师：“您当初的想法只是想尝试一下，后来的目标是不是想赚更多？”

冯先生：“是呀，我就是太贪心了。当初赚了一点，如果撤出来就好了。”

理财师：“您也不用自责，这是人的本性：贪婪。每一个进入股市的人几乎都是这样，而您现在难受，正是另外一个本性在作怪：恐惧。”

冯先生：“您别说什么贪婪和恐惧了，我也知道这些。您能不能直接告诉我这些股票要不要卖掉呢？”

理财师：“对不起，先生，我无法帮您预测这些股票的走势。不过，我建议您将股票卖掉，换成其他稳健的投资。”

冯先生：“为什么呢？要是未来股票涨上去怎么办？”

理财师：“如果您年轻20岁，我会建议您继续持有股票。”

冯先生：“这和年龄有什么关系？”

理财师：“在年轻的时候，有未来的工作收入作保证，即使输了还可以从头再来。但是，退休的时候，没有了未来的收入作保证，如果输了，就没有机会从头再来了。”

冯先生：“我有退休收入呀。”

理财师：“您觉得退休收入够您未来养老生活吗？”

冯先生：“就是比工作前少太多，所以我才想炒股赚点钱。”

理财师：“您的想法是好的。但是您的投资行为与您目前的生命周期并不匹配。”

冯先生：“为什么？”

理财师：“按生命周期来划分，可分成单身期、家庭初建期、家庭成熟期、退休期。您目前所在的生命周期是退休期。退休期最大的特点就是依靠退休金来生活，未来的现金流支出比收入多。因此，这个时期的风险承受能力非常低，一旦遭遇风险，未来就会出现现金流缺口，即没有钱可用的境地。还记得春晚小品《不差钱》吗？里面有一句台词：人这一生最最痛苦的事情你知道是什么吗？就是人活着呢，钱没了！"

冯先生："我现在就感觉很痛苦。我看着我养老的钱一点点亏损，我就觉得一辈子白活了。"

理财师："之所以会这样，还是因为您的投资行为与您现在所在的生命周期不匹配。炒股是风险很高的投资行为，在生命周期的早期进行大量投资是可以的，但是在退休期进行大量投资则是不恰当的。"

冯先生："我明白了，可是我已经进行了大量的投资，我该怎么办呢？"

理财师："您目前的亏损还不大，我建议您果断斩仓，将投资在股票上的资金转换为货币基金或定期存款。"

冯先生："那我亏损的钱怎么办？"

理财师："您就别去想着亏损了，您就当做去资本市场里旅游了一圈，增长了见识。千万别想着再去搏一把，把亏损弥补回来，很多人就是这样将养老金全部亏损完的。"

冯先生："您今天给我上了一课啊，如果我早知道就好了。"

理财师："您现在知道也不晚呢。退休期最重要的就是安享晚年，享受幸福生活啊！钱已经不重要了，够用就好！至于儿女、孙子孙女们的事，就让他们自己去操心吧，儿孙自有儿孙福呢。"

冯先生："谢谢您，您这么一说，我心里好受多了。"

冯先生刚离开理财师的工作室，又一位长者走了进来。

长者自称姓倪，52岁，早年创业，积累了6 000万元的资产。他有三个儿子，都在自己的家族企业中担任管理人员。倪先生看到有关富豪王永庆、知名影星梅艳芳等的遗产争夺案，在悲叹人间冷暖的同时，也认识到遗产的安排对家族团结和家族基业的发展有着重要的影响，他希望听听理财师的意见，为身后的家族幸福做提前规划。

理财师："倪先生，有什么可以帮到您吗？"

倪先生："我希望我的儿子们在我死后能和谐相处，不要因我的财产而导致亲情疏离。如果他们真的不顾亲情，我觉得我这一生的奋斗都是无意义的，也许像比尔·盖茨那样将财产全部捐出去更好。但我又觉得把财产捐出去对不起家人，他们可能在我死后也会骂我的，毕竟，我们现在的思想还没那么开放。"

理财师："您是希望您的儿子们未来能合理地运用您留下来的财产为家族基业的常青而一起奋斗吧，要做到这一点并不容易。因为您的每个儿子都是不同的，他们在事业的发展过程中会形成自己独特的思想和行为方式，这些思想和行为方式将导致他们产生分歧。当您在世的时候，由于您是家族权威，所以分歧产生后以您的决定为最终决定解决了分歧。但是，当您不在世的时候，由于这种权威没有了，所以分歧所产生的争端就难以解决了。于是，在没有提前规划的前提下就只有依靠诉讼、打官司等司法途径来解决争端了。"

倪先生："没想到你年纪比我小，分析问题却很深刻，你说得有道理。我回想了一下三个儿子在我的企业里虽然平日相处不错，但在日常经营过程中也常常意见不合，最终都是我来协调的。"

理财师："没有人能保证两个不同的人每天都能和谐的相处。但是，如果有一个提前设计的"锦囊"能在意见产生分歧的时候帮助他们解决，就能在一定程度上化解争端。"

倪先生："什么样的'锦囊'？"

理财师："这个锦囊可以是遗嘱，也可以是一个信托计划。"

倪先生："遗嘱谁不知道啊，可是信托计划是什么？"

理财师："立遗嘱就相当于将身后事做一个安排。从法律的角度来看，分配财产时如果有遗嘱，必须遵从遗嘱执行，所以立遗嘱是首选的一个方案。但是，立遗嘱存在一个重大的缺陷：只能对身后的财产进行即时的分配，而无法保证孩子们能和谐的相处。"

倪先生："是呀，你说得很对。我之前也是想立遗嘱，找过律师。可是，我发现在立遗嘱的过程中，要让我的三个儿子都觉得公平是很难的。我了解我的三个儿子，他们都有着不同的想法。大儿子学房地产的，就想让企业转型做房地产；二儿子学金融的，就想让企业转型做金融；三儿子申请了3D打印技术专利，想让企业成为高科技企业。"

理财师："那您的企业现在是做什么行业的？"

倪先生："我做外贸的，主要是做传统的纺织品，不过，金融危机后这一行很难做了。"

理财师："您的企业是独资企业、合伙企业还是有限责任公司？"

倪先生："是合伙企业，我后来将三个儿子加入合伙人了，现在是我们四个合伙人。"

理财师："您的企业有负债吗？"

倪先生："我向银行贷过 2 000 万元。"

理财师："现在还了吗？"

倪先生："还了 200 万元左右了，还有 1 800 万元本金吧。"

理财师："我给您的第一个建议是将您的企业财务风险和家庭财务风险进行分离。由于您的企业是合伙企业，承担的是无限责任，也就是说您的企业负债是与您的家庭财产相联系的。一旦经济形势不好，企业出现资不抵债的情况时，需要用家庭财产来偿还，这对家庭财务来说，风险很高。"

倪先生："您说得有道理。2008 年金融危机后，外贸很难做了，我都担心能不能熬过这几年。目前还银行贷款利息的压力很大，这几年危机时期根本没有赚到什么钱，那怎么隔离风险呢？"

理财师："我建议您和您的儿子重新注册成立一个有限责任公司，并用这个有限责任公司收购您的合伙企业，包括资产和负债。这样就能将您的合伙企业重组为有限责任公司，从而将家族企业的风险和家庭财务风险隔离开来。"

倪先生："有必要这样做吗？"

理财师："这样做的好处除了隔离家庭财务风险外，还可以在此过程中明晰您三个儿子对企业的产权。您可以根据您每个儿子的贡献将有限责任公司的股权进行划分，同时在有限责任公司内部设置事业部制。比如，您自己占企业股权的40%，每个儿子占企业股权的20%，同时设立外贸事业部、房地产事业部、金融事业部、3D打印事业部。这样每个儿子分管一个事业部，可以实现他们自己的梦想，又不至于脱离家族的支持。"

倪先生："那我为什么不直接成立四个公司呢？"

理财师："成立四个独立的有限责任公司也可以，但在银行贷款上不好处理，而且家族企业的资源难以整合，况且您的儿子现在还无法独立运作公司，您说对吗？"

倪先生："恩，是的，我还是希望他们能兄弟同心，不过我仍然担心各个事业部会在内部斗争。"

理财师："所以您还需要按有限责任公司的公司治理结构建立股东会、董事会等，建立起决策机制，这也有利于公司的长远发展。当内部有斗争时，这种决策机制可以平衡争端。不过，这种决策机制最好是与您的三个儿子共同制定，而不是由您一个人来定。"

倪先生："看来我还得学习呀，家族企业传承的责任在我，而不在孩子们身上。"

理财师："除风险隔离外，第二个建议是关于家族财富传承的。虽然目前还没有全面开征遗产税，但随着国家从追求增长转向追求公平后，遗产税的全面开征为时不远了，所以，我建议您事先做好避税的准备。"

倪先生："我也听说要开征遗产税了，有什么方法可以避税吗？"

理财师："财富传承中可以通过购买人寿保险来减免遗产税的交纳。根据各个国家的遗产税征收法律，人寿保险是不计算入纳税资产中的。"

倪先生："我不太明白，您能解释一下怎么避税吗？"

理财师："我举个例子吧。比如，您的遗产净额为4 200万元，按拟定的遗产税征收法案，超过1 000万元的遗产累进税率为50%，免征额只有20万元。那么，您需要交纳的遗产税为（4 200-20）×50%-175=1 915

（万元），传承的财富额度为 4 200－1 915＝2 285（万元）。"（表7-1）

表7-1　　　　　　　　　　　　　遗产税率表　　　　　　　　　　单位：元

级别	应纳遗产税净额	税率	速算扣除数
1	您的遗产净额<50万	10%	0
2	50万≤您的遗产净额<200万	20%	5万
3	200万≤您的遗产净额<500万	30%	25万
4	500万≤您的遗产净额<1 000万	40%	75万
5	您的遗产净额≥1 000万	50%	175万

注：免征额为20万元。

倪先生："要交这么多的遗产税！我以为交20%就可以了。"

理财师："是的，遗产税是累进税率，遗产净额越高，税率越高。在美国，许多富豪将财产捐赠，实际上是将部分财富从政府转移到一些慈善机构。由于捐赠额也可以从遗产总额中扣除免征遗产税，所以许多富豪这样做的结果是既帮助了慈善机构，又为自己减少了遗产税。"

倪先生："除捐赠外，还有什么方式避税吗？"

理财师："我刚才提到的人寿保险也可以避税。您可以购买大额寿险来减少遗产税的交纳。比如，您的遗产净额中有2 200万元是不动产，2 000万元是动产，那么您可以用动产为自己购买三份保费为300万元、保额为800万元的人寿保险保单，并为您的妻子购买三份保费为150万元、保额为300万元的人寿保险保单。每份保单的受益人分别写上您三个儿子的姓名。这样您的遗产净额为4 200－300×3－150×3＝2 850（万元），所需交纳的遗产税为（2 850－20）×50%－175＝1 240（万元），可以节省657万元的遗产税。"

倪先生："但我交纳了1 350万元的保险费！"

理财师："是的，不过我们可以来看看您的孩子所继承的财产额。您的遗产净额2 850万元扣除遗产税1 240万元后，传承的财富额度为1 610万元。当您和您的太太过世之后，保险公司赔偿的保额将传承给受益人，即800×3+300×3=3 300（万元）。这样，您传承的财富一共是1 610+3 300=4 910（万元），比之前的2 285万元多出了2 625万元。"

倪先生："哦，我明白了，只不过这样还是要交很多税。"

理财师："那是因为您的很多资产是不动产，有部分动产也不能完全变现来购买保单。如果您将所有资产都变现购买保单，理论上讲您是可以完全避税的，但实践中一般不会这样做。"

倪先生："是的，我不可能把我的工厂和住房卖掉呀。"

理财师："我的第三个建议就是运用之前提到的信托计划。当您将您的家族财富与您的企业财产隔离后，属于家族财富的部分既可以通过遗嘱的方式传承给下一代，也可以通过信托计划的方式来传承。"

倪先生："你还没告诉我什么是信托计划呢？"

理财师："遗产信托计划相当于委托人和受托人之间签订的一个合同，在委托人逝世后，由受托人来管理其遗产。"

倪先生："这样做有什么好处呢？"

理财师："如果您担心您的儿子不能打理好您的遗产，或会随意挥霍您的遗产，您就可以采用信托计划的方式来委托一个受托人帮您打理，而不是直接通过遗嘱的方式来分配财产。如果是通过遗嘱分配您的遗产，您的下一代可能会随意挥霍掉您一生辛苦打拼挣得的财富。我想这是您不愿意看到的吧。"

倪先生："是的。我希望我的财富能帮助到他们，而不是毁灭了他们，但具体应该怎么做呢？"

理财师："您可以与信托机构签订一个合同，信托机构每年从您的遗产中按事先确定的金额拨出一部分财富分配给您的三个儿子，这样可以使您的财富不会被随意挥霍。您还可以在信托计划中设置一些获得遗产分配的条件，在达成某一条件后才能继续获得信托计划中的财富，从而来激励儿子们努力向上，使家族企业能长久兴旺下去。"

倪先生："您这个办法确实比立遗嘱的办法好。立遗嘱只能解决一时的问题，却无法解决一世的问题。签订信托计划，就好像请了一个管家帮我打理，这样我就放心了。看来，今天来你这里来对了，解决了我的心头之惑啊。"

理财师："能帮到您是我的荣幸！信托计划不仅能解决子女继承遗产的争端，让他们不会为了一时的财富而迷失了方向，还能激励下一代努力向上，为家族更好地做出贡献。很多遗产争夺的原因都来自于急切地想得到大笔的财富，通过信托计划将大笔财富分割成每年一小笔，并且得到这一小笔财富还需要付出自己的努力，就不会引发贪婪之心，从而避免家族亲情的破裂了。"

倪先生："真是太感谢你了！亲情比财富重要！好的财富管理才能维护亲情啊！有了这样的安排，我相信我的后半生会过得更幸福！懂得了财富之道，我相信我的孩子们也会过得更幸福！"

参考文献

[1]陈玉罡.个人理财：理论、实务与案例[M].北京：北京大学出版社，2012.

[2] "健康中国2020"战略研究报告编委会."健康中国2020"战略研究报告[M].北京：人民卫生出版社，2012.

[3]ZHOU X，VOHS K D，BAUMEISTER R F. The Symbolic Power of Money： Reminders of Money Alter Social Distress and Physical Pain[J]. Psychological Science，2009，20（6）：700-706.

附录1
完全复制型基金比较

基金简称	基金代码	基金成立日	托管费率（%）	管理费率（%）	跟踪误差（年化）（%）	净值增长率与比较基准收益率之差（%）
华夏沪深300ETF联接	000051	2009/07/10	0.1000	0.5000		1.2900
国泰沪深300	020011	2007/11/11	0.1000	0.5000	0.7638	0.8800
国泰上证180金融ETF联接	020021	2011/03/31	0.1000	0.5000	1.4100	1.2400
华安上证180ETF联接	040180	2009/09/29	0.1000	0.5000	1.6500	1.1900
华安上证龙头ETF联接	040190	2010/11/18	0.1000	0.5000		1.7700
博时裕富沪深300	050002	2003/08/26	0.2000	0.9800		0.9500
博时超大盘ETF联接	050013	2009/12/29	0.1000	0.5000		1.7900
博时深证基本面200ETF联接	050021	2011/06/10	0.1000	0.5000		-0.4000
嘉实深证基本面120ETF联接	070023	2011/08/01	0.1000	0.5000	0.7700	0.0400
大成中证红利	090010	2010/02/02	0.1500	0.7500	1.2700	0.4000

续表

基金简称	基金代码	基金成立日	托管费率（％）	管理费率（％）	跟踪误差（年化）（％）	净值增长率与比较基准收益率之差（％）
大成深证成长40ETF联接	090012	2010/12/21	0.1000	0.5000	1.3800	0.6100
大成中证内地消费	090016	2011/11/08	0.1500	0.7500	1.0000	0.2000
富国上证综指ETF联接	100053	2011/01/30	0.1000	0.5000		2.4800
易方达深证100ETF联接	110019	2009/12/01	0.1000	0.5000	0.6690	0.3900
易方达沪深300	110020	2009/08/26	0.1500	0.5000	0.6300	0.9800
易方达上证中盘ETF联接	110021	2010/03/31	0.1000	0.5000	1.0600	0.0100
易方达创业板ETF联接	110026	2011/09/20	0.1000	0.5000	5.4435	0.6300
易方达深证100ETF	159901	2006/03/24	0.1000	0.5000	0.5491	0.3200
华夏中小板ETF	159902	2006/06/08	0.1000	0.5000		0.1400
南方深成ETF	159903	2009/12/04	0.1000	0.5000	0.3320	0.5500
工银瑞信深证红利ETF	159905	2010/11/05	0.1000	0.5000		1.2000
大成深证成长40ETF	159906	2010/12/21	0.1000	0.5000	0.5200	1.2000
广发中小板300ETF	159907	2011/06/03	0.1000	0.5000	0.5以内	−0.2300
博时深证基本面200ETF	159908	2011/06/10	0.1000	0.5000		−0.2100
招商深证TMT50ETF	159909	2011/06/27	0.1000	0.5000		0.1900
嘉实深证基本面120ETF	159910	2011/08/01	0.1000	0.5000	0.6235	0.1400
鹏华深证民营ETF	159911	2011/09/02	0.1000	0.5000	0.2720	0.2000
汇添富深证300ETF	159912	2011/09/16	0.1000	0.5000	0.3897	0.1800
交银深证300价值ETF	159913	2011/09/22	0.1000	0.5000	0.9353	0.1400
易方达创业板ETF	159915	2011/09/20	0.1000	0.5000	0.3480	0.0200
建信深证基本面60ETF	159916	2011/09/08	0.1000	0.5000		0.3400
南方中证500	160119	2009/09/25	0.1200	0.6000	0.3520	−0.5900

续表

基金简称	基金代码	基金成立日	托管费率（%）	管理费率（%）	跟踪误差（年化）（%）	净值增长率与比较基准收益率之差（%）
华安深证300	160415	2011/09/02	0.1000	0.5000		1.3400
鹏华沪深300	160615	2009/04/03	0.1500	0.7500		1.0800
鹏华中证500	160616	2010/02/05	0.1500	0.7500	0.9400	−0.7300
嘉实沪深300ETF联接	160706	2005/08/29	0.1000	0.5000		1.5100
嘉实基本面50	160716	2009/12/30	0.1800	1.0000		1.4700
长盛沪深300	160807	2010/08/04	0.1500	0.7500	1.0132	0.5700
长盛同瑞中证200	160808	2011/12/06	0.1500	0.7500	1.9100	−1.2400
国投瑞银瑞和300	161207	2009/10/14	0.2200	1.0000	1.1400	0.4600
国投瑞银沪深300金融	161211	2010/04/09	0.1300	0.6000	1.2301	1.6400
国投瑞银中证下游	161213	2010/12/16	0.1300	0.6000	0.9819	1.2200
国投瑞银中证上游	161217	2011/07/21	0.1300	0.6000	1.1906	0.4600
融通深证100	161604	2003/09/30	0.2000	1.0000		−1.1800
融通深证成指	161612	2010/11/15	0.2000	1.0000		0.9000
银华沪深300	161811	2009/10/14	0.1500	0.5000		1.2500
银华深证100	161812	2010/05/07	0.2000	1.0000		0.0000
银华中证等权重90	161816	2011/03/17	0.2200	1.0000		0.3900
银华中证内地资源主题	161819	2011/12/08	0.2000	1.0000		−9.8800
万家中证红利	161907	2011/03/17	0.1500	0.7500	1.1000	0.1100
泰达宏利中证财富大盘	162213	2010/04/23	0.1200	0.6500		11.4700
泰达宏利中证500	162216	2011/12/01	0.2000	1.0000		−1.9600
海富通中证100	162307	2009/10/30	0.1200	0.7000	0.6800	1.6100
国联安双禧中证100	162509	2010/04/16	0.2200	1.0000	0.9300	0.3100
广发中证500	162711	2009/11/26	0.1200	0.6000	1.1100	−0.1600
长信中证央企100	163001	2010/03/26	0.1500	0.7500	1.0500	0.7400

续表

基金简称	基金代码	基金成立日	托管费率（%）	管理费率（%）	跟踪误差（年化）（%）	净值增长率与比较基准收益率之差（%）
申万菱信深证成指分级	163109	2010/10/22	0.2200	1.0000	1.21左右	−0.1300
天弘深证成指	164205	2010/08/12	0.1500	0.7500	0.9411	1.4400
建信沪深300	165309	2009/11/05	0.1500	0.7500		1.1400
信诚中证500分级	165511	2011/02/11	0.2200	1.0000	2.5000	−0.9900
南方沪深300	202015	2009/03/25	0.1500	0.6500	0.3540	0.8500
南方深成ETF联接	202017	2009/12/09	0.1000	0.5000	0.3300	0.3800
南方小康产业ETF联接	202021	2010/08/27	0.1000	0.5000	0.8800	0.3400
南方上证380ETF联接	202025	2011/09/20	0.1000	0.5000		−0.3800
鹏华上证民企50ETF联接	206005	2010/08/05	0.1000	0.5000	1.3040	0.8900
鹏华深证民营ETF联接	206010	2011/09/02	0.1000	0.5000	0.4880	−0.1100
招商深证100	217016	2010/06/22	0.1500	0.7000		−1.2600
招商上证消费80ETF联接	217017	2010/12/08	0.1000	0.5000		0.2900
招商深证TMT50ETF联接	217019	2011/06/27	0.1000	0.5000		0.2100
华宝兴业中证100	240014	2009/09/29	0.1500	0.5000	0.6000	1.2100
华宝兴业上证180价值ETF联接	240016	2010/04/23	0.1000	0.5000	1.1200	2.3400
华宝兴业上证180成长ETF联接	240019	2011/08/09	0.1000	0.5000	1.0000	0.9000
国联安上证商品ETF联接	257060	2010/12/01	0.1000	0.6000	1.1100	0.0500
广发沪深300	270010	2008/12/30	0.1000	0.5000		1.4200

续表

基金简称	基金代码	基金成立日	托管费率（％）	管理费率（％）	跟踪误差（年化）（％）	净值增长率与比较基准收益率之差（％）
广发中小板300ETF联接	270026	2011/06/09	0.1000	0.5000		−0.2800
泰信中证200	290010	2011/06/09	0.1500	0.7000		−2.1900
申万菱信沪深300价值	310398	2010/02/11	0.1500	0.6500	1.12左右	2.0900
诺安中证100	320010	2009/10/27	0.1500	0.7500	1.0400	1.0400
诺安上证新兴产业ETF联接	320014	2011/04/07	0.1000	0.5000		1.0400
华富中证100	410008	2009/12/30	0.1500	0.5000		1.4500
华泰柏瑞上证中小盘ETF联接	460220	2011/01/26	0.1000	0.5000	0.9977	−0.7000
汇添富上证综指	470007	2009/07/01	0.1500	0.7500	1.4014	2.6700
汇添富深证300ETF联接	470068	2011/09/28	0.1000	0.5000	1.1068	0.3100
工银瑞信沪深300	481009	2009/03/05	0.1000	0.5000	0.4000	1.3200
工银瑞信深证红利ETF联接	481012	2010/11/09	0.1000	0.5000	0.5200	1.0200
交银180治理ETF	510010	2009/09/25	0.1000	0.5000	0.0800	2.2000
博时超大盘ETF	510020	2009/12/29	0.1000	0.5000		2.0000
华宝兴业上证180价值ETF	510030	2010/04/23	0.1000	0.5000	0.8800	2.8600
华夏上证50ETF	510050	2004/12/30	0.1000	0.5000		2.1600
工银上证央企50ETF	510060	2009/08/26	0.1000	0.5000	1.1000	3.3800
鹏华上证民企50ETF	510070	2010/08/05	0.1000	0.5000	1.1000	1.3700
建信上证社会责任ETF	510090	2010/05/28	0.1000	0.5000		1.6800
海富通上证周期ETF	510110	2010/09/19	0.1000	0.5000	1.2900	0.9300

基金简称	基金代码	基金成立日	托管费率（%）	管理费率（%）	跟踪误差（年化）（%）	净值增长率与比较基准收益率之差（%）
海富通上证非周期ETF	510120	2011/04/22	0.1000	0.5000	1.1400	0.9000
易方达上证中盘ETF	510130	2010/03/29	0.1000	0.5000	0.4200	0.3600
招商上证消费80ETF	510150	2010/12/08	0.1000	0.5000		0.3600
南方小康产业ETF	510160	2010/08/27	0.1000	0.5000	0.7060	0.6900
国联安上证商品ETF	510170	2010/11/26	0.1000	0.6000	0.4600	0.4900
华安上证180ETF	510180	2006/04/13	0.1000	0.5000	1.2471	1.6000
华安上证龙头ETF	510190	2010/11/18	0.1000	0.5000	1.0912	2.2000
富国上证综指ETF	510210	2011/01/30	0.1000	0.5000	1.1000	2.8600
华泰柏瑞上证中小盘ETF	510220	2011/01/26	0.1000	0.5000	0.4988	−0.1400
国泰上证180金融ETF	510230	2011/03/31	0.1000	0.5000	0.9610	2.8900
诺安上证新兴产业ETF	510260	2011/04/07	0.1000	0.5000		−0.1800
中银上证国企ETF	510270	2011/06/16	0.1000	0.5000	1.0500	1.4500
华宝兴业上证180成长ETF	510280	2011/08/04	0.1000	0.5000	0.8800	1.2800
南方上证380ETF	510290	2011/09/16	0.1000	0.5000	0.2960	0.1200
华泰柏瑞红利ETF	510880	2006/11/17	0.1000	0.5000	0.9665	2.5700
海富通上证周期ETF联接	519027	2010/09/28	0.1000	0.5000	1.4000	0.1600
海富通上证非周期ETF联接	519032	2011/04/27	0.1000	0.5000	1.3100	0.3700
长盛中证100	519100	2006/11/22	0.1500	0.7500	0.5491	1.5000
万家上证180	519180	2003/03/15	0.2000	1.0000	0.4677	0.8200
大成沪深300	519300	2006/04/06	0.1500	0.7500	1.3300	0.9400
银河沪深300价值	519671	2009/12/28	0.1500	0.5000		0.9500

续表

基金简称	基金代码	基金成立日	托管费率（%）	管理费率（%）	跟踪误差（年化）（%）	净值增长率与比较基准收益率之差（%）
交银180治理ETF联接	519686	2009/09/29	0.1000	0.5000	1.4030	2.1200
交银深证300价值ETF联接	519706	2011/09/28	0.1000	0.5000	1.2471	−0.8400
建信上证社会责任ETF联接	530010	2010/05/28	0.1000	0.5000		1.3800
建信深证基本面60ETF联接	530015	2011/09/08	0.1000	0.5000		0.1600
东吴中证新兴产业	585001	2011/02/01	0.1500	1.0000		−1.5200
农银汇理沪深300	660008	2011/04/12	0.1500	0.6000	0.4053	1.5100
农银汇理中证500	660011	2011/11/29	0.1500	0.7500	10.6002	−10.3500

注：数据分析截至2012年12月。

附录2
增强型指数基金比较

基金简称	基金代码	基金成立日	托管费率（%）	管理费率（%）	年化跟踪误差（%）	净值增长率与比较基准收益率之差（%）
华安MSCI中国A股	040002	2002/11/08	0.2000	1.0000		2.05
富国中证红利	100032	2008/11/20	0.2000	1.2000		3.21
富国沪深300	100038	2009/12/16	0.1800	1.0000		3.75
易方达上证50	110003	2004/03/22	0.2000	1.2000	1.3800	-0.11
富国中证500	161017	2011/10/12	0.1500	1.0000		6.36
融通巨潮100	161607	2005/05/12	0.2000	1.3000		-1.65
兴全沪深300	163407	2010/11/02	0.1500	0.8000		2.10
中银中证100	163808	2009/09/04	0.1500	1.0000	5.2200	1.34
中欧沪深300	166007	2010/06/24	0.1500	1.0000		-0.72
银华道琼斯88精选	180003	2004/08/11	0.2500	1.2000		-5.87

续表

基金简称	基金代码	基金成立日	托管费率（%）	管理费率（%）	年化跟踪误差（%）	净值增长率与比较基准收益率之差（%）
长城久泰沪深300	200002	2004/05/21	0.2000	0.9800	0.5706	0.62
金鹰中证技术领先	210007	2011/06/01	0.1500	1.0000	1.5600	−2.95
宝盈中证100	213010	2010/02/08	0.1500	0.7500		−2.07
大摩深证300	233010	2011/11/15	0.1500	1.0000		−5.69
中海上证50	399001	2010/03/25	0.1700	0.8500		−5.33
华富中小板	410010	2011/12/09	0.1500	1.0000		−8.03
国富沪深300	450008	2009/09/03	0.1500	0.8500		5.32
浦银安盛沪深300	519116	2010/12/10	0.1500	1.0000		0.33
中邮上证380	590007	2011/11/22	0.2000	1.0000		−1.12
平安大华深证300	700002	2011/12/20	0.1500	0.8500		−1.57

注：数据分析截至2012年12月。